E時代

Media Workshop
媒體工房股份有限公司
出版

MILLENNIUM
恆兆文化
企劃製作

作者 凌凱雄 許迪揚

序

首先要向所有接受採訪的公司說聲謝謝！若不是他們的協助，這本書將不具眞實性。以台灣網路目前的後草創時期，各網站間彼此競爭更激烈，合作聯盟的新聞也越盛；新網站開張的消息不斷，也有一些古老的網站更形茁壯，或被購併，或是從此消失。每天每天的消息中，我們要如何觀察這些網站呢？決定性的競爭優勢是什麼？上市上櫃之後是否又會重新洗牌呢？

比爾蓋茲曾說：「對於網路，我們總是低估了未來，而高估了現在」。

我們試著經由採訪與大量研究資料的蒐集，針對目前市面上有代表性，普遍被看好的幾家網站，用淺顯的方式來呈現網站的機會在哪裡？未來的挑戰有哪些？在經營者的心得分享與對未來的台灣網路業的大概輪廓。

只要是企業，都應該有永續經營的決心與前瞻性，希望我們點出的觀察重點，能幫助對網路有興趣的人一些思考方向，除了檢視書中這幾家公司的經營類型、營收模式是否能在這場網路馬拉松賽中名列前矛外，也可以用來看看其他網路公司是否具備脫穎而出的條件，非常歡迎讀者與我們分享看法。

原先在採訪時，對於各網站的「身分」還很清楚，不過在排版時，發現所謂「電子商務網站」、「社群網站」、「財經訊息網站」的分類已經模糊了，網路變化的如此快速，只好心虛地拿掉自以爲是的分類，大家不妨一方面在字裡行間尋找網站「變形」的軌跡，一方面也可以發現網路業的生態變化，細心的你或許可以發現，台灣的網站有一些獨特的創意呢！

編輯部

目錄

基本資料

網站名稱：網路同學會 www.cityfamily.com.tw
公司名稱：旭聯科技
成立時間：1996年8月
主要經營：董事長 黃旭宏 東海大學社會學碩士
總經理 張財銘 政大企管 研究所
副總經理：秦民 中興大學企管碩士
資 本 額：目前已增資到一億七千萬
大 股 東：宏碁（13%）、宏科（13%）、台灣大哥大（5%）、中時（5%）、廣達（5%）、裕隆集團（5%）、中經合（5%）、中華國際開發（5%）
員工人數：105 人（含北京15人、香港6人）
上市計畫：目前分別申請，一是希望能在年底前以二類股上櫃，二是申請OTC的第三類股。
目　　標：華人最大社群網站
業務內容：以網路同學會為核心，延伸出線上學習，電子商務。
策略聯盟：20個產品線合作廠商，20個內容網站，10個社群網站連結。
營收狀況：每月營收約四百萬，仍未達收支平衡點
客戶分佈：由於定位特殊，會員的層面極廣，約與上網人口相當。
男：女＝55：45；15-25歲者佔45%，25-30歲者佔15%。學歷多大專以上。
核心競爭優勢：

1. 定位特殊，不易模仿，且具有早期進入(first mover)的優勢，同學會不似其他興趣型社團，容易另起爐灶。
2. 詳細會員興趣、嗜好資料經營理念：「虛擬世界，真實關係」。提供網友維持個人人際關係的最佳環境。

員工認股政策：考慮到員工年齡層年輕無積蓄，只要服務一定期間，就保證以無負擔方式認股，如OPTION或向公司貸款。

人氣指標：
流　　量：每日150萬次
回 流 比：一個月內約五成至六成。
會 員 數：60萬人
每日平均增加：2000名新會員
平均停留時間：25分鐘

網站速寫

旭聯1998年開始經營網站「網路同學會」，由於旭聯很貼心地為網友規劃好版位及備妥通訊錄、編輯軟體等功能，很快就吸引不少網友加入網路同學會，許多網友因此與失去聯絡的同學再度相逢，打響了網站知名度，使得這個獨特的社群模式迅速獲得肯定。

1999年八月，獲宏碁集團青睞並投資三千六百萬，旭聯也提出「三C」的口號，CityFamily、CityMart、CityMedia，除了原有的社群網站功能，更加強整體網站的內容，與許多媒體合作增加可看性；並積極與大小廠商洽談，增加拍賣商品的種類。

1. City Family社群功能：以同學會為經，輔以興趣為緯，兩層式網站架構，增加網友停留時間。雖然網友在網路上只會建置一個同學會，因此在爭取網友登錄上非常具吸引力，但是由於體認到一般人不會經常性地與同學聯絡，但可能與相同嗜好的朋友經常切磋，因此在同學會之外，旭聯也不斷開展其他性質的社群，如歌友會、聯誼會，加強網友間的參與度。旭聯也設有通訊錄、照片簿、討論區、聊天室等功能，落實「給網友最佳上網經驗」的目標。

2. CityMedia：結合23家媒體，包括台視、聯合新聞網、ELLE雜誌等，提供會員最新有關新聞、消費、娛樂訊息。

3. CityMart：旭聯與宏碁科技在內的12家公司策略聯盟，提供集體採購、跳蚤

市場、特賣廣場等B2C與C2C的消費機制，目前旭聯的整體營收中將近50%是來自於這部份的佣金收入。

網站型態

旭聯科技最初以虛擬社群網路同學會(CityFamily)起家，從現實世界眼光來看，「社群」的定義其實相當廣，基於人類有渴望溝通、歸屬的天性，凡是具有相同興趣、喜好、以及需求的一群人都可算是。而且社群中的成員會具有某種同質性，例如住在同一個地區、或有共同的經驗，在現實生活中也隨處可見社群的存在。

CityFamily網路同學會則強調以獨創的同學會／社團的「二層式社群架構」，並在同學會／社團的架構上方增加一層稱為社群中心（Community），再結合個人資料中心，進而推出稱為CityMart的都會拍賣網（Commerce），並且邁向內容網站（Content）延伸發展，正如旭聯總經理所言的新3C策略。

旭聯總經理張財銘說，所謂新3C策略與慣用的3C概念不同，其所指的是虛擬社群（Community）、資訊內容（Content）及電子商務（Commerce）等概念，將此三者整合後，把Content導入虛擬社群網站，使社群成員擁有豐富資訊來源，另將Commerce引入社群，滿足其物質消費需求。

旭聯將以「新3C策略」，也就是結合旭聯分別針對虛擬社群（Community）、資訊內容（Content）及電子商務（Commerce）的3個網站CityFamily、CityMart及CityMedia。3網站間以嵌入式技術深度整合，亦即雖然前端所使用的服務不同，但由於後端資料庫已合而為一，故會員僅需一次登錄，即可使用所有服務，並可透過分析機制，提供個人化資訊與交易功能，將虛擬社群發揮最大效用。

訪談紀要：

旭聯科技早在1996年就以「網際網路資料庫」為主力，自行開發許多網路相關程式軟體，如網路電台系統，網路大樓系統，另有申請專利的有線電視網路系統，可以不需電腦或Cable Modem，憑電話及電視即可上網，也承接不少政府機關及各大公司的網路軟硬體整合系統，在網路技術是無庸置疑的。

旭聯在經營社群網站並非是第一家，但是由於切入點鎖定不易複製、模仿的同學會，並積極延伸出多層次架構，另外開發許多興趣為出發的網站，使得網友能流連其中，會員數一直穩定成長，令人振奮的是，在大陸的成績也不遑多讓，會員每日增加速度超過台灣的每日2000人，因此旭聯國際化的腳步將是經營重點。

去年九月在大陸北京設點，並成立「CityHot」網站，今年三月在香港也有辦事處，成立「網路同學會」網站。綜觀旭聯的發展方向，將來仍不改社群網站的基礎，並陸續將經營據點往外擴張，致力「華人最大社群網站」的願景。

為使網友有最佳使用經驗，旭聯已購置八條T1，30部主機應付頻寬需求。並且在隱私權的維護上不遺餘力，深得網友信任。此外更積極強化網站內容，並招兵買馬邀來各方英雄好漢，在北京、香港開拓新據點。

目前每月的營收是廣告、拍賣各佔兩百萬左右，鑑於網路廣告點選率因廣告商毫無策略發送，及網友新鮮感不再而大幅下降，旭聯也有所因應：希望能盡量壓低廣告收入的比率，加強電子商務部分的收入。

方法為：在網路廣告方面，斥資引進國外DATA MINING軟體，貫徹「個人化行銷」，強化廣告播送效率，提高佣金收入的比率，另外在電子商務的營收上，走高毛利的收取交易佣金路線，將人潮引至各公司網站再進行交易，而減少網站內拍賣的規模。

此外也積極開發線上教學的市場，預期能由學分費、教材費中來抽佣。目前正在進行的是與台科大合作推出網路大學，首先推出財務管理、統計學、噪音管理三門，在四月開始招生，這部分的效益則要等年底才知道。

旭聯也不排除以本身經營網站的經驗，另外以輸出經驗及技術的方式來獲利。最近活潑逗趣的網路同學會廣告在媒體上強力發送，對網站的形象塑造有很好的效果。

旭聯很清楚，網站成功與否仍要以營業額分高下，在電子商務的推動非常有計畫。目前每月四百萬營收中，以廣告收入及集體議價的「都會賣」收入各佔一半，廣告並非旭聯的目標，將來希望能將人潮引至各公司網站，以抽佣金的方式獲取較高的毛利。另外最近與台科大等新開展的線上學習，除了平台建置的收入，也會針對學分費抽佣，而這方面的營收狀況則要等年底才能見端倪。

過去旭聯在「目錄式行銷」已有相當成果，當網友進入運動社團，就會看到運動相關產品的訊息，比一般隨處可見，毫無篩選的廣告播放，更加用心，但旭聯仍想更進一步，讓網路廣告更加精準，

針對網站廣告點選率普遍下降的情況，（過去有5%的點選率，目前最新數據顯示只有0.36%。）以社群網站起家的旭聯並不擔心。已擁有網友詳細的背景、興趣資料庫，旭聯斥資400萬台幣，引進美國Data Mining軟體，將展開「個人化行銷」。

將來只要網友登錄進網站，不管出現在網站的任何一個團體，系統會針對其興趣或瀏覽記錄，出現相關產品訊息，也就是說，如果記錄顯示網友對網球有興趣，那麼當網友瀏覽電腦社團時，仍會出現網球相關訊息。這樣的設計，對網友或廣告商都是更有效及貼心的設計。已經建立龐大資料庫，加上本身原就是軟體系統商的角色，再搭配國外的新軟體，旭聯對未來做好徹底的個人化行銷非常有信心。

對於目前網路股價回挫的現象，旭聯倒是不擔心，因為堅信社群網站絕對是符合網路邏輯，且是一切電子商務開拓的基礎。而且只要方向正確，仍有一些異數

能突破趨勢屹立不搖。至於何時能達到損益平衡？旭聯粗估為明年初，但是也強調，行銷支出是個未定數，假如未來情勢需要更大的行銷費用，則會繼續投資下去，因為網路是個馬拉松，旭聯一定會堅持下去。

營收模式及概況

目前旭聯科技旗下網站的主要收入來源分為兩種，一為廣告收入另一項為佣金收入，目前（三月份）每月營收約四百萬左右，其中廣告收入及集體議價的「都會賣」收入各佔一半，若以目前新增資後的資本額（1.7億）來看，若想達到損益平衡，仍有一段努力的空間。旭聯認為廣告並非其網站最主要營收來源目標，計畫將來能將旗下網站人潮導引到各策略合作的網站去，經由旗下網站會員的消費，向相關合作網站以抽佣金的方式獲取較高的毛利，增加營收來源。另外在其他收入來源方面，最近與台科大等開發線上學習平台，經由平台建置來增加收入，並將會針對線上學習的學分費中來收取相關佣金，而這方面的營收狀況則要等年底才能見端倪。

張財銘預估，在達到100萬名使用者之後，今年旭聯整年營業額將可達到5,000～6,000萬元，並於年底(89)時有機會達成單月損益平衡的目標。

前景展望

旭聯表示，台灣上網人口約為600萬人，而學生族群就佔了6成，以經營社群網站起家的旭聯，目前其CityFamily網路同學會會員數已達65萬人，除了陸續在大陸架設分點之外，再加上目前旭聯也積極的進行策略聯盟，例如最近與救國團的合作，推動自強活動線上報名與訂房的服務，預計將可以進一步吸引不少學生人口的加入與參與，另外與佛光山合作開設線上虛擬道場，預計應可導入不少的人次來觀看，該公司預估今年底會員可由65萬增加至200萬人，並計畫年底或明年，在台上市的打算。

做為國內網路早期拓荒者之一的旭聯，腳步越見自信穩健。最近已與救國團談妥，合作開發社群，更將目標鎖定政大與交大校友會，更加積極推動校友會的會務推動，落實「虛擬世界，真實關係」的理想。

除了在台積極的策略聯盟合作之外，旭聯也展開對海外的佈局，分別在北京、上海、深圳以及成都設置伺服器，二月份時也在香港成立分公司。旭聯執行長黃旭宏表示，在大陸方面並且開發e-learning平台，與北京與清華大學配合開設以台商為對象、介紹大陸法令、稅務方面的課程，因此，預估將從去年九月的10萬會員，到年底可達至100萬人。

網路股最近大跌的狀況並沒有讓旭聯卻步，預估明年可以達到損益平衡的狀況，不過旭聯有一個「但書」，以目前網路競爭的狀況，雖然已有相當市場佔有率的網路同學會仍不敢掉以輕心，認為若明年需要花更多的行銷費用來維持優勢也

非不可能，那麼獲利的時間又要延後了。

掛牌計畫

旭聯在去年底以每股$2美元的價格，引進國際資金，在今年一月初時完成這一波新的增資，資本額從原先的6,000萬元，增加至1.7億元。目前股東中的中經合集團與中華國際開發，將分別協助在美國及大陸業務的拓展。

由於過去國內對網路公司上市的條件極不利且輔導期至少半年的限制，旭聯曾考慮至香港上市，且在英屬維京群島註冊，以增加資金運用及籌措的彈性；但現在因為國內法令放寬，旭聯已分別在第二類股及OTC的第三類股申請上市。

目前旭聯已經在開曼設立了控股公司-寰亞聯網（Asia in one），因此除了確定明年會在台灣以科技類股上市以外，也可能會在美國那斯達克，或者是香港創業板上市，而目前在台灣的輔導券商是倍利證券。

對於想投資該公司的投資人而言，目前在未上市市場中並無該公司的股票流通，但若以該公司規畫將於今年底或明年掛牌的進程估計，或許在今年年底應會有籌碼外流以創造一些流通與參考價，以作為掛牌價格的參考依據，有興趣的投資人或許可持續觀察其動態。

觀察重點

1. 會員資料外洩與隱私權

在旭聯進行關聯式行銷以及推動電子商務策略聯盟的同時，其所牽涉到的問題便是會員的相關個人資料的運用與保密性的問題，例如關聯性行銷，網站自行提供某人的生日、興趣、偏好等相關資料給其他網友的方式中，必須注意到該名會員是否授權運用及公開的問題，以及是否涉及隱私權的侵犯等，另外必須注意的是，在電子商務運作的過程中，會員資料是否會被外洩，而損個人權益的問題，假若這些問題未妥善處理，將有可能引起網站會員的質疑。當產生這樣的結果時，就如同是宣判社群網站的死刑，畢竟社群網站最重要的資產就是人，就如李總統曾說的一句話「民之所欲常在我心」！

2. 社群國際化

國內的虛群網站目前的發展方向，均朝向國際化社群的方向前進，如大陸、東南亞以及日本等東北亞國家，當然旭聯也不例外，這是因為台灣人口與上網人數的限制，也是不得不走的方向；但是將區域型（台灣）虛擬社群的發展經驗，導入到其他區域或國家時，將可能產生不同程度的排斥與不適應現象，因為畢竟各區域之間存在著文化、習慣等方面的差異，並不是將語言改變就表示完成國際化了。因此，如何建立一個跨區域性的社群架構，在建立各社群的獨特性的同時，又能兼具同一架構下不同社群間的認同感與歸屬感，加強彼此的交流與互動，如此社群國際化才具意義，才能發揮其綜效。

3. 電子商務的導入

虛擬社群的建立，最終的目的就是延伸出電子商務的推動，而電子商務的導入的方式一般可以分為自行設立與策略聯盟兩種。所謂的自行設立，就是社群網站自行介入商務運作，導入貨品，與廠商接洽的模式，另外一種則是與相關廠商合作採用連接的方式配合，而這種方式，只是純粹將流量導入，增加曝光率與交易機會，似乎對社群網站的意義不大；依筆者的看法，將兩種方式結合，以市集的方式呈現在社群中，如同在社群中建立百貨商場，由社群為主要的商場管理者，管理商場攤位及維護交易次序，並提供會員相關消費優惠資訊，廠商可以在市集上進行個別促銷或聯合促銷，刺激消費慾望，或許為另外一種可考慮的方式。

基本資料

網站名稱：KEYCITI 互動城市www.keyciti.com.tw (原名KEYnet)
公司名稱：達網科技
成立時間：1996年12月
主要經營：主要有五人，三人為技術背景，不便曝光
董 事 長：吳財惟（成大畢業，曾經營小家電業）
資本額度：250萬台幣起家，目前已增資到一億三千萬，預計四月底可增資到登記資本額。
法人股東：新加坡科技集團Vertex、仲琦科技、榮星集團
員工人數：60個
目　　標：華人最大社群網站及電子商務公司
競爭優勢：獨家技術、虛擬團隊、虛擬經營、打破疆界
掛牌計畫：2000年元月已在開曼成立海外控股公司，年中再吸收國外法人資金，達到二億元資本額，預計年底在美國、新加坡或香港選一處上市，以香港為優先。
特　　色：目前是大中華區最大的城市入口網站，首創虛擬貨幣 (Key Dollar)、虛擬辦公室
經營理念：不管是對內員工或是對外股東，經營網站的重心均在「共榮」Commonwealth、「創新」Innovation、「服務」Service。

人氣指標：
每日流量：每日500萬次
會員人數：已累計115萬人
回流比率：一個月內約五成
客戶分佈：男：女 約為6：4
年齡結構：20歲以下：20%；20-29歲：60%；30-39歲：14.4%；40歲以上：6.2%
地域分佈：台北縣市：31.3%；高雄縣市：18%；台中縣市：10%；台南9.2%；其他縣市皆低於10%

網站速寫

KEYCITI互動城市的三個主要訴求面包括「科技、人文、商務」，並將逐步落實在「數位社區」、「互動媒體社群」和即將完成的「商務社群」中，據KEYCITI表示，該社群網站為會員提供了「家」、「人際關係」、「生活網」功能的網路使用平台。

在整個網站中主要所提供的主題服務包括MyCITI我的王國、MyHome我的網頁、Building城市建築、Plaza交流廣場、Channel生活頻道、Market城市商圈等六個主題。

MyCITI我的王國：提供個人答錄機、行事曆、專業代理人、書籤等十多項網路秘書功能，滿足知識、社交、財富、便捷生活四大網路生活基本需求。

MyHome我的網頁Space：在這裡給會員沒有空間限制的網站秀場。

Building城市建築：網路同學會、電子報社、電子商店、電子學校、電子辦公室等功能幫助會員組織社群，出版電子報、線上教學。

Plaza交流廣場：在這裡有分屬各社群的生活資訊看板、聊天室、民調的設計，提供一對一、一對多，即時、非即時等各式各樣傳播、溝通、互動機制，讓會員可以分享彼此經驗，擴展人際關係。

Channel生活頻道：這裡有議題性的新聞頻道、女性頻道、公益頻道，會員經由感興趣的資訊出發，彼此交流、互動及分享經驗。

Market城市商圈：KEYCITI設計四種線上買/賣交易平台，包括「殺價/砍價」（Haggle）、「競價」(Auction)、「標價」(Bid) 和「交換區」(Exchange)。在這裡，「動態價格」和特殊網上購物經驗交流是主要特色，而非以低價為訴求。

網站經營型態

目前國內有許多虛擬社群的經營網站，這些經營虛擬社群的網站其中幾個較著名的包括：蕃薯藤的「蕃邦」、奇摩站的「奇摩家族」、以及KEYCITI的「網路城市」、CityFamily的「網路同學會」、Kingnet「歡樂網路王國」等等，經營重點不外乎在於提供下列服務：留言版或佈告欄、虛擬論壇、個人化電子郵件、線上聊天室、線上即時通訊（如ICQ）等，以社群作為經營對象並結合個人化的服務，以吸引更多會員，並加強會員之間的聯繫以建立更強的忠誠度。

其中起步較早，經營網路社群將進入第四年的 KEYCITI「網路城市」，現改稱為「互動城市」，除了同樣以不同的「主題」方式為基礎來組成虛擬社群外，另一個較具特色是，更主張以「地域」觀念來形成社群，而這種方式在社群網站中，其實強調的就是網站的歸屬感與親切感，將原本居住在同一區域的居民，透過網路的管道，建立出一個更具凝聚力與互動性的區域關係。

人類是群居的動物，具有一定的地域性，對於鄰近的區域認同感較高，參與度也會較高，透過這樣的方式，即使是離開原本居住的區域，仍能夠透過網路與原居住地的鄰居話家常，互通訊息。另外KEYCITI「互動城市」並在網路一般被認為無遠弗屆、天涯若比鄰的印象下，提出「KEYNet30公里」理論，認為「區域性內容」對於網友才是有價值，其理由是：網路雖然拉近了虛擬世界的距離，但卻無法改變人類一小時內只能移動30公里的事實。因此在這些KEYCITIes中，提供了地方新聞、地方人專欄、地方生活消費訊息頻道、地方人物臉譜、地方民調…等訊息，用近在周遭的資訊內容組合成地方分眾社群，緊緊的將人心抓住。

在發展地域型社群的同時，KEYCITI社群的建構，更引進社會上一般性社團、學校性社團以及政府性社團加入網站社群中，目前總共發展出24個區域，共超過兩萬個社團，數量相當龐大。

另外KEYCITI為了加強社群的回流與忠誠度，則發展出一種網路虛擬貨幣，名叫「KD」（KEYDollar），是透過個人網頁服務發行，網友成為註冊會員後，即擁有專屬存摺，每使用一次網站中的服務，電腦就會自動撥點數至帳戶中，類似集點數的概念，而該種虛擬貨幣目前也只能在KEYCITI相關的網站中使用，並無法到其他網站中使用。

除了虛擬世界的使用外，更將虛擬貨幣轉換到實體消費來，KEYCITI目前與南部的電影院合作，網友取得KD後，想兌換電影票，可以電子郵件通知，KEYCITI會將電影票用郵寄方式，送到網友手中，另外獲得KD的消費者，也能至「KEYMall我的商場」購物。由於這種貨幣只能在虛擬的世界中使用，拍賣場中的供貨商並不能直接獲取利潤，KEYCITI乾脆將拍賣場變成另一種網路廣告形式，廠商必需付廣告費，才能將商品上架，因此賣場中的產品也限量發售；另外有關電子商務後端的交易機制，則與英特連合作，付款系統採用SSL及SET兩種機制，讓消費者有多種選擇。

訪談紀要

達網科技所成立的Keynet，發跡於南台灣的台南，一開始也是以ISP業務開始，有經營網站、設計網頁的服務，還曾辦過教學業務。一開始達網是在刻苦的環境下經營，員工一個月領一萬多元的薪水，卻不改其熱情。從開站以來，Keynet非常能掌握網路雙向互動性的可能，它強調匯聚底層社會的聲音、非主流的意見，以「小就是大，少就是多」的逆向思考，沒有明星來站台，但網友保有自己發言的完整舞台，因此網站全是自發性發揮聚眾的效果，例如它徵求當地作者、記者來發佈訊息，充實網站上的可看性。

1998年十月，推出超級社團，網友可自由運用這些工具來經營網站，目前超過兩萬個社團，其中有六成是學生社團，每個社團均有12項功能方便經營網站，如問卷調查（版主可以自己設計問卷，並由程式完整呈現結果）、通訊錄、討論區、聊天室、生活剪影（版主可上傳照片）個人網站、酷站連結（版主可自己設書籤連結）等等。

由於社團功能的方便實用，及友善的使用環境，KEYNnet 很快就獨霸南台灣，開始往外擴展，積極與台灣各地的縣市網站結盟。初期遇到不少阻力，但1999年六月，KEYNet 成功橫越濁水溪，以三千人的虛擬員工團隊，完成台灣18個地理城市的建置。

1999年七月Keynet內部增資，在熱烈認購的情形下，一下子就由3500萬增加到9650萬。為了應付龐大流量，Keynet申請T3專線，更向國外尋求更大的寬頻空間。

Keynet在很早就有虛擬貨幣Keynet Dollar，完全以網友參與程度來累積KD，網友可用來玩網站提供的遊戲。1999年美國拍賣網站eBay股價狂飆，國內網站也興起類似的網站，然而使用介面不夠親切，或因為缺乏互信基礎使得防弊規則太繁瑣，於是達網在八月時，推出「KEYBid虛擬貨幣拍賣網站」，每個禮拜會先預告競標商品，時間一到，就可憑KD參加競標。因此，只要網友多參加網站的活動，就可以「免費」（只需多上網站參加活動即可）獲得商品，號稱「螞蟻吃大象」的效果，無怪乎網友趨之若鶩，上網人數大增。達網也樂於以此做為回饋網友的方法。

去年十一月，是達網小豐收的開始，KEYnet改名為KEYCITI，「Key」代表達網提供網友個人空間Total Solution的信念，「citi」則更能突顯社群經營的精神與理想。

此外Keynet也嘗試跨出國界，與澳洲Ezyfind聯盟，EZYfind本身也是個跨國際的網站，提供全澳洲地方、全國、國際性的體育與政治新聞，以讓網友能迅速獲尋各地詳細資料為宗旨，在全球有三百多個據點。同時也宣布與新加坡的ISP業者Cyber Web策略結盟，有簡體、繁體、英文三種版本的新加坡城市網站，是拓展東南亞華人社群的基地。更以「虛擬數位神經管理系統」的觀念，在大陸推出北京、上海、重慶、大連、青島、深圳、廈門七個地理城市，也擁有一千人的虛擬團隊。

達網以社群與虛擬團隊為經營主軸，強調「虛擬組織，虛擬經營」，善用各方資源，以最有效率的方式打網路戰。透過虛擬經營及虛擬組織的方式，KEYCI-TI.Com今年底計劃將完成100個國內與華僑地理城市的策略聯盟，而忠誠會員數可增加至300萬人，每日點閱率達1500萬人次。

綜觀達網虛擬城市的階段策略有四期：

一、以人為本的會員召募期

二、數位社區社群的開發：設計完善的Building方便會員進駐

三、媒體互動社群：建立Plaza，培養意見領袖，增加網友間互動。

四、商務社群：導入電子商務，目前台灣就開始進入這個階段，預計未來兩年將有四千萬的廣告預算。

至於大陸地區則時機尚未成熟，等目標中六十個城市都進入第三階段，才能順

利轉型。

營收模式及概況

KEYCITI營收來源方面，目前主要的收入來源包括廣告收入、網站建置與撥接收入、系統整合以及佣金（拍賣）收入等，該公司認為廣告不是決定性的收入，反倒是看好因自己龐大的會員而衍生的拍賣收入，以及將來陸續開發的交易平台授權收入。

KEYCITI認為由於網站的會員數及信任度高，相信較一般純電子商務或純軟體公司吃香，有關拍賣收入與授權收入這兩項業務收入，將會有不錯的表現。在營收金額方面，KEYCITI 87年營收一千二百萬元，88年營收約為二千萬元，預計今年有機會超過三千萬元。

在電子商務方面，該公司表示，其將以社區網站結合當地的相關業者，共同推動電子商務。以其原有的1,000多家合作業者為基礎，預計在年底前募集到1萬家的規模。其將提供SET、SSL等各種收費機制，及建置網路商店的相關軟體，而在收費方面，其以每年1萬元為基礎，依照業者所需服務的種類，往上累加，另外加價的服務包括行銷活動、收費機制等。

掛牌規畫

由於KEYCITI網路城市在社群網站的類型中屬於較早切入者，因此佔有市場先機，該公司認為，KEYCITI網路城市是國內第一個也是目前唯一完整勾勒出網路虛擬城市機能的網站，已於2000年元月在開曼成立海外控股公司，並以每股72元的價格，得到國內外法人股東的認同，順利完成第一波法人募股計劃。預計年中引進第二波法人資金，達到二億元資本額，並將於今年(89)內完成海外股票上市目標。

鴨子划水的達網科技，過去從未做宣傳，一直朝著既定目標前進，現在浮出檯面的時機成熟，將放手一搏。預計年底在美國、新加坡或香港選一處上市，以香港為優先。由於公司經營注重穩健保守，因此在公司股票的流動方面，目前並無任何的籌碼外流。

前景展望

達網預計今年完成大陸、北美、兩岸三地及東南亞華人城市造鎮的大幅佈局，包括年底在大陸建構60個地理城市；北美20個地理城市。由於中國大陸上網人口的迅速成長，會員今年應可突破300萬名。

目前已擁有110萬會員基礎的社群網站KEYCITI，也會跨足電子商務經營，成立網路百貨公司，並推出集體議價及競標服務。而KEYCITI也將社群推廣的對象延伸到企業，尋求學術或工商團體的合作，幫其建置商務社群網站，協助這些企業會員透過網路服務消費者，目前已與成大管聯總會合作。

KEYCITI已在兩岸24個城市完成網站建置，包括台灣地區的17個與大陸地區的7個，KEYCITI在大陸設立的7個城市網站，包括北京、上海、深圳、廈門、青島、大連及重慶等，由於大陸對於內容的限制較多，故大陸的網站將以財經、旅遊及影藝資訊為主軸。另外在拓展國際市場方面，去年10月設立新加坡分公司，預定於2000年增設立美國分公司，正一步步完成其國際市場的佈局，其中新加坡子公司的設立，主要負責大陸業務的轉投資及運作；而美國子公司，則是負責北美區域業務的拓展。該公司另宣佈已經與澳洲網路業者Ezyfind.com策略聯盟，將共同選定全球的多語系城市，建立中英文社群網。但隨著各地網站逐一設立，為統一管理並考慮頻寬問題，故計劃將機房移往美國舊金山，但營運總部仍在台南。

觀察重點

1. 地理城市具特色

目前大部份的社群網站的建構是依據不同的討論主題與不同的人際背景為基礎，較少以類似同鄉會的方式建構社群，而KEYCITI互動城市算是國內第一個將區域的觀念，運用在虛擬社群上，而這種看似反向操作的方式，反映了一個事實就是，即使是在網路世界，各區域之間仍存在著地域性的差異與認同感的差異，

而以這種方式切入虛擬社群，其實是將社群化整為零，最後集結成一個大社群，但在大社群中，卻又存在著各具地方特色的區域族群，彼此之間同時認同大群體與小族群的一種有趣的融合現象。

2. 各區域間的互動性

小族群或區域性社群的特色是，認同度高，參與度強，更有一種所謂「在地的」的味道與親切感，但族群或區域的多元化，卻可能是刀子的兩面，社群可能因此分化或更加融合！因此當族群或區域發展到一定的數量與階段時，族群之間的疏離感也因此逐漸變大，這個時候對網站經營者而言，將隨著面臨到的一個難題就是，如何增進區域（或族群）之間的互動性，提昇區域與族群間的認同層次，建立起真正的「聯邦」而非「邦聯」虛擬王國。

3. 區域內容的深化

由「在地人」經營「在地網站」確實是一種相當可行的作法，第一個原因是，由於內容的採編人員為當地居民，自然對於當地的風俗習慣與民情最為瞭解，其表達方式容易被接受，當然內容也比較容易切中重點，而且在內容的深度方面，相形之下極具說服力。第二個原因是，較容易得到回響與回饋，經由這種「深植在地」的作法，容易引起區域內居民的注意與參與，並可以透過一個互動平台（討論區）的建立，來獲得相關訊息的回饋，間接促成一個特殊主題的內容產生器，吸引更多居民的加入，形成一個良性循環，這也就達到建立社群的最終目的之一「人氣」。

4. 電子商務的導入

目前該網站有關電子商務的導入部份，則是採用建立虛擬商場的方式，進行招商進駐，銷售商品，只向商家收取進駐費用，對於商品的銷售並不抽取佣金，並且也不涉入物流配送，以及售後服務。但是虛擬商場的建立所牽涉到的層面較多，首先是管理的問題，必須增加人員來管理商場維護，以及設備的投入；此外為了提供多元化商品供會員選購，因此在招商的部份將耗費相當的人力與資源，事實上不具綜效與經濟效益，其實商場的經營可以採取策略聯盟的方式，引入其他電子商務型的網站進駐經營，或者將會員導入的方式，或許為可以參考的方式。

基本資料

網站名稱：23xx電子論壇 www.23xx.com.tw
公司名稱：巧網科技
開設網站：1998年11月
主要經營：董事長 顏世良，台大電機系、電機研究所，商研所，有證券MIS經驗總經理
陳鼎升，清華電機、正在念交大MBA，有銀行MIS投顧、投信經驗
劉中禾 清華電機、Cornell Electronic&Electric Engineering 有Designhouse、Dram、Foundary廠的經驗
蔡宗倫 清華電機、台大商研，有投信及創投經驗
資 本 額：以100萬起家，目前為5000萬
法人股東：公司不便透露
員工人數：10人(890406為止)
經營內容：針對電子股的討論區，也陸續衍生傳統產業及未上市股票的討論。
營收來源：目前收入來源以廣告為主，如高科技徵才區及高級洋酒廣告，目前已與廣告代理商：24/7、ADMAX簽合作契約。
特殊事蹟：台積電收購德碁半導體前，兩家主管才坐定商談，網站上已有消息----，連記者都來這裡打探消息
經營理念：網友發言權應受保護，發言內容應嚴格管理，保持正確性。
營收狀況：1999年會計簽證虧損一百七十萬

人氣指標：
會 員 數：3萬以上
流　　量：5萬人次，每日80萬閱頁次數
網友平均停留時間: 21分鐘
（參考值：E bay 10幾分鐘、Portal 5分鐘）
會員回流比：半年內曾重複登錄一次以上的有八成

網站速寫

「23xx電子論壇」網站所提供的服務內容，包括上市電子類、上櫃電子類的個股討論區；未上市電子類與傳統產業、券商報告、美國股市、股市即時行情及產業論壇等區，各討論區都可以免費閱覽，但若要發表意見，必須先加入會員，經過嚴格的認證程序，才能進入討論區發表文章與看法。

個人功能的設計有自選作者、自選黑名單、筆記簿、回覆我的文章，這只有會員才能使用。

重量級的產業討論區涵蓋有綜合、IC、PC、週邊、通訊、網路、軟體、光電、其他、金融股、金融商品、傳統、政治、技術、新聞，由分類之詳細，就知道這裡聚集不少高科技從業人員，而政治討論區則是因應大家對總統大選討論太激烈，版主只好另外闢新專欄。巧網也有輕鬆的補習班、咖啡廳、情報站單元，讓大家聊天交流。

網站經營型態：

該網站的經營模式類似BBS的討論區，討論區的話題主要是以電子產業為主，進入討論區的網友將其所要發表的意見及文章載入，這些意見與文章將以電子郵件的方式，傳送到23xx網站的伺服器上暫存，這些意見與文章在登入討論區前，會事先經過各討論區的版主的過濾，剔除掉有關商業廣告與不宜的文字陳述後，

才將文章登錄上去，而這些資料全都是由參與者所免費提供的，因此在網站類型的分類上，仍以社群網站為主要的型態。經由以上的程序加以管理，如此可以突顯出網站的公正性，而不會淪為商業廣告與謠言漫步的〝公佈欄〞或聚集地。巧網會員只要註冊成功就可在網站上貼文章，而網站管理員會全天候注意最新動態，但也有一些不合適的言論可能在管理員發現前披露。

該網站的文章來源與數量，為其一項特色，該網站本身並不生產原生性的內容，其所有的文章內容全部是網友所發表的文章與訊息的集合體，也就是經由這樣的方式逐漸累積成一個龐大的訊息資料庫，會員自發性發言的文章已突破十萬筆，數量相當驚人，這樣的訊息數量確實是網友對於這個網站最具體的支持行動的結果，也是原因。

這是一種相當有趣的現象，網站的內容是依靠會員間的創作而得，而會員的創作卻又吸引更多網友加入參與社群，同時吸引更多會員加入社群，這樣的結果自然也會產生夠多會員創作，這是一個雞生蛋、蛋生雞的循環，雪球效應的內容產生機制，這樣的循環一啓動就等於啓動了內容的產生。

而這一種機制的另一種效果，就是會有物以類聚的附加效應，相同屬性的網友、會員都匯聚集過來，因此也加快了這個網站會員的累積，與會員的向心力，而這些都是往後發展電子商務的最重要的基礎。

一個虛擬社群的成功與否，另一個很重要的因素就是網友（會員）的忠誠度與回流比率，而網友的忠誠度評估方式，就必須看會員的回流比率大小可獲得一些端倪，假若加入會員的網友的回流比率不高，這樣子會員的流動率過高，對於一個以人為主的社群網站來講，是一大致命傷，對於內容的產生與貢獻影響很大。觀察23xx電子論壇，目前擁有三萬名會員，以及每日七十萬人次的流量，在會員的忠誠度上應該有不錯的答案。

根據「23xx電子論壇」統計其會員屬性發現，社群網友成分中男性居多（86%），有35%是電子相關產業工程師，35%是投資圈人士，10%是學生，比較於其他一般網站有45%是學生族群來看，23xx電子論壇的會員的一致性與專業性頗高，消費能力較強，這也就是最近23xx電子論壇，會有酒類廣告的出現的原因。

訪談紀要

當初23xx巧網科技的成立，原只是玩票性質，創辦的四個人，是56、57年次典型的高科技新貴，有著電機及商學的雙重專業，也都有著待遇不錯的工作，平常就常關注電子股的產業消息。而創辦人之一的劉中禾首先提出這個討論區的構想：成立一個網站，讓更多人能加入討論，發揮集思廣益的效果。於是四個人利用休假將公司名稱、網站名稱，一點一滴架構完成。

由於重點在電子股，而集中市場電子股的代碼都是以23開頭，因此網站名稱決定採用23xx電子論壇，而公司名稱也因23書寫的樣子，像極了「巧」字，引此就

決定叫巧網科技。23xx電子論壇1998年六月開始上路，98年底拿到營利事業登記證。

一開始巧網以公司法最基本的要求：一百萬起家，他們向廣通承租最陽春的上網配備，一個月5000元，再加上簿記會計一個月三千元的費用，每月只需要8000元的花費，沒有做宣傳或廣告，只靠夠吸引人的題材，尤其一剛開始以科技圈的高手為主，發表不少有份量的文章，間接吸引不少投資圈的朋友前來，互相激盪不少精彩的討論，之後23xx的名聲就這樣傳開了。

沒多久會員數多到讓巧網的主機當機，當時巧網並沒有注意到自家網站流量增加的速度極快，當廣通特地讓巧網獨自使用一台備用主機時，才意識到自己網站受歡迎的程度。1999年六月當廣通的備用主機再次因流量過多而當機時，巧網自己買主機，並轉而向Hinet承租Colocation，當時統計報表顯示，每日流量已達5萬多人次。

1999年七月，流量持續增加，為維護網站的品質，工作量也增加不少，四個人開始思考是否要辭去原來的工作，專心經營網站，還是宣佈結束網站？經過一番掙扎，四個人一個一個辭職，全心新經營網站。

巧網創辦人自比為桌子的四隻腳，缺一不可，決定投入新事業時，他們發揮不同的專長，撐起巧網的一片天。目前公司才十多個員工，人力極精簡，完全不同於其他網路公司的大手筆。巧網近來吸納另一個調性類似、匯聚電腦玩家的「超頻者天堂」網站，成為巧網家族，引進電子商務，成立拍賣網站，成績不錯。

網站營收模式及概況

由於該網站客戶屬性特殊，在目標客戶明確、流量高品質的優點，正好是未來網站發展電子商務的最佳基礎，同時也是企業形象廣告的最佳媒介，因此該公司目前最主要的收入來源為廣告收入，去年該公司營收只有廠商要求刊登廣告的收入新台幣60萬元，虧損170萬元，主要收入不多，成本也低，主要是該網站的經營模式類似BBS的討論區，內容完全由網友所提供，因此經營成本十分低廉，單月開銷只需新台幣8,000元。至於廣告收入的種類，除了原先的酒類廣告之外，目前又增加了科技公司徵才廣告，而過去廣告業務的來源，主要由廣告客戶主動透過e-mail報價找上門之方式，因此去年在廣告業務得推展方面不盡理想，當然營收也差強人意。

至於引進超頻者天堂後，拍賣者天堂的人氣能否一直維持，則要等今年財務報表出來才能見真章。

前景展望

1998年11月才開站的「23xx電子論壇」，是國內相當專業的財經討論區網站，尤其主攻集眾多投資人寵愛於一身的電子業。在美國也有一家類似的網站Silicon

Investor剛好也是定位於高科技類股的投資討論，很多科技產業的第一手消息都是來自於這些網站，在這個重視資訊流速度的時代，的確對整個市場發揮很大的影響力。

巧網會員目前有3萬五千人，每日流量達70萬人次，以證券業及高科技電子業從業人員為主力，各佔35%，經常有證券業與電子業的交流與精彩對話，而巧網的網友忠誠度高，第一手消息之神速，吸引不少新竹科學園區的記者也來此打探消息，這是巧網非常難以取代的優勢。前一陣子台積電合併世大，不少園區工程師含世大員工，大爆公司內幕，討論之激烈，堪稱奇景；而早在中強跳票、威盛大規模購併前，23xx早就有人談論，這都是巧網的魅力所在。

由於巧網有這樣的屬性與實力，巧網陸續開闢高科技徵才專欄，也吸引高級洋酒廣告代理商的青睞，增加收入來源。巧網希望能憑華文世界最大的專業討論型網站，目前的美國股市單元，希望能吸引矽谷華人的讀者。該公司認為社群網站，將成為網際網路的重要力量，因此將持續以此社群為基礎，發展更多類似的網站。

另外巧網科技總經理陳鼎升表示，由於該公司網站在網友的熱烈支持下，去年度流量成長率高達20倍，因此內部已擬妥今年發展重點，將化被動為主動，一改過去由廣告客戶主動透過e-mail報價找上門之方式，主動出擊推展廣告業務，並提供代刊登高科技徵才服務。

除此之外，將於今年增加自主性內容，如券商報告、即時行情、新聞專欄及名人專刊等以增加網站知名度，以及提供更多元化的服務。

今年五月宣布與另一個人氣網站「超頻者天堂」合作，成立巧網家族。超頻者天堂，是有名的電子硬體、周邊設備評鑑的網站，號稱能把電腦生手變高手。過去四年一向由賴一誠兄弟檔一手包辦文章撰寫，網站建置的工作，在不做宣傳的情況下，（甚至連各搜尋引擎都沒登記），每月仍以一萬名的速度增加會員數，由於會員人數增加太快，因此找上巧網尋求討論區的技術支援，大幅提高網站價值。四月底新推出的「拍賣者天堂」，才三天就湧進1000筆交易記錄，足以證明網站的高流量。

由於是電腦玩家聚集的網站，目前以系統組件、通訊產品、電腦週邊產品等為主，尤其以CPU、主機板的交易最為熱絡。超頻者天堂多年的產品評比，使得網友在買賣電腦產品時有不錯的參考與指引，這對引進電子商務是很大的優勢。

兩個以「專業」為訴求的網站，都沒有大財團的背景，一直是默默耕耘，這次的合作案，由於網友性質有部分重疊，發揮互相幫襯的效果。

掛牌規畫目標：

23xx電子論壇，將規畫在台灣掛牌，目前巧網科技已委託太祥證券及建弘證券進行公開發行及上櫃輔導作業，預計**89**年年底前可望提出第二類股上櫃掛牌申

請。若依據目前二類股的掛牌規定，若要在89年底達成掛牌二類股的目標，依此推估，在掛牌前必須無虧損來看，表示巧網科技公司89年必須無虧損甚至有獲利，才可能達成這個目標，這是值得各位有興趣投資網路股的投資人追蹤觀察的！

觀察重點：

1. 網路技術人員與專業經理人具重要地位

隨著經營規模的擴大，除了經營網站內容多樣化外，另一個決勝關鍵就是在於人員方面，以目前巧網科技的員工人數來推斷，扣除主要的經營者外，網路專業人員以及行銷專業經理人，是必須加強的地方，因為這個時候網路硬體設備的穩定度、網路安全，以及行銷企畫佔了相當重要的地位。

2. 資料庫的內容具時效性

依據「23xx電子論壇」所統計公佈，該網站目前已累計超過十萬筆的訊息與文章，但由於「23xx電子論壇」的網站性質類似BBS公佈欄，以訊息短文的文字敘述偏多，這些訊息一般具有一定的時效性，而時效性卻又是該網站的最大特色之一，隨著時間的累積資料數量必大量增加，但相對的這些資訊的時效性卻是隨時間遞減的，資訊的有效性隨之降低。

3. 專業研究報告的資源與內容的原生性

該網站的內容主要以網友自發性提供為來源，而且以短文與短訊的方式張貼，時效性與廣泛性為其最大特色，但在內容的深度方面則為其缺點，無法提供給網友或會員具完整性及相關深入的資訊，例如相關產業的研究報告以及自行生產的評論與報告。

4. 如何妥善運用現有資料庫所可能產生的附加價值

「23xx電子論壇」所擁有的龐大資料庫為其優勢，但如何將這些資料庫做加值處理，生產出屬於自己的的內容（不論是平面或電子的），或轉化成為一個資訊提供者（Information Provider）。

5. 建立穩定而長期的收入商務模式

任何網站的最終經營目的無非是電子商務，因此建立出一套能自給自足的收入模式，是所有網站經營者將面對的一個重要課題。電子商務的啟動要素包含產品，人氣以及交易平台，而其中又以人氣的聚集難度最高：就「23xx電子論壇」現有的會員數三萬人、流量七十萬人次以及網友的黏度高等特性來看，似乎已經跨過電子商務的人氣門檻，接著下來所要面對的問題就是如何導入電子商務，以及導入何種商務模式（B2B,B2C,C2C）與商品類別，建立穩定且長期的商務運作模式。

基本資料

哈網

網站名稱：哈網 www.haa.com.tw
公司名稱：哈網股份有限公司
成立時間：1998年9月
主要經營：董事長：陳金印 台大工管系 台大商研所
太祥證券代總經理
總經理：干學平 美國普渡大學經濟學博士，
清大經濟學系所教授
資 本 額：目前已增資到1.63億
法人股東：三商福寶，哈囉管理顧問及一百餘位證券業朋友
員工人數：45人左右
研究報告：30000篇
合作券商：38家
競爭優勢：因為投資領域人士聚集所帶來的號召力與影響力,及正確完整的各階段網路發展策略。
上市計畫：希望能盡快進入資本市場，目前準備中。
經營理念：

協助數位時代青年釋放活力、開創網際網路實業
建立專業投資服務之網路平台
提昇台灣二十一世紀資本市場的創新與效率
致力孕育「系統化、團隊分工、創新」之知識經濟公司文化
研究、發展創新知識，努力爭取智慧財產權
員工認股政策：只要服務滿一定年限，可以優惠價格認股。

人氣指標：
營收狀況：每月約 30 萬廣告收入
流　量：平均每天約16700人次，
回流比：一個月內約五成至六成。
會員數：61899人（2000/4/18最新數據）
電子報訂戶:35,511 (2000/04/20最新數據)
每日平均增加：200名新會員
平均停留時間：15:55分鐘 (89年三月份最新數據)

網站速寫：

除了分析師聯盟的參訪活動，哈網的網站匯聚分析師的報告，以及四大主題討論區「哈網股市」、「哈網基金」、「哈網債券」，以及網路人談網路事的「哈網e經」討論區。此外不斷有許多方便的個人化工具，如My HAA中：

【個股看版】：專屬個人化頁面，可自選個股，並提供自設個股的即時股價、技術線圖、基本與財務資料、最新研究報告與網友討論文章，幫助掌握個股基本面與技術面的最新動態。

【投資組合】：最多可設定五種不同投資組合(每個投資組合最多可設定100支個股)，便利於投資人區隔各類股、或不同產業個股的投資組合！

【投資警訊】：投資人所設定的個股；皆可在「警訊看版」中得知個股最即時的相關資訊，也可選擇訂閱投資警訊，哈網將於每日盤後用e-mail傳送。

【網路書籤】：讓投資人可以收集研究報告、討論文章！

【自選報告】：提供兩種個人化設定「精選券商報告」及「精選分析師」，可看到所設定的分析師或券商的相關文章。

【自選文章】：提供「精選網友文章」及「精選討論區」設定。可設定您喜愛的網友、或者您關心的討論區。

由於投資市場最具獲利性的在於「投資建議」，五月起將推出「投顧大街」，請三十位投顧分析提出更精確的投資建議，並且利用網路可以回溯、統計績效表現

的特性，還提出七天內保證退貨的承諾，如此可以篩選出具實力的分析師，也提升哈網的可看性。

哈網也對即將開放的代客操作市場有進一步的計劃，針對哈網會員屬性多是具獨立思考特質的投資人，也希望提供這些網友互動的工具，真正發揮網路的特性。

網站型態

在投資理財討論社群的網站類型中較具特色除了23xx的電子論壇之外，另一個便是哈網(haa)，哈網同樣是經營投資理財社群，其不同於電子論壇的是，哈網集結了各大證券投資機構所免費提供研究報告與產業報告，供網友免費瀏覽，並發表意見，提供網友多元化的投資理財資訊，並且不定期的舉辦公司參訪活動，增加與網友（一般為研究員與分析師）間的互動，來提供網友更多樣化的資訊來源，因此哈網常以投資資訊的提供者自居。

目前哈網的發展重點在於整合平台上的多元資訊，發展便利的個人化服務，而其市場利基點，端賴數量持續成長的投資研究資料庫，因此該公司今年將繼續發展更完整的個人化服務及電子商務等服務為重點。最近才與Oracle策略聯盟，並大手筆投資採用其資料庫以發展「投顧大街」的哈網，其行銷部陳藹文表示，哈網的定位在於建立一投資知識與資訊的交流平台，行銷策略則因應市場變化，與平台上的提供者合作滿足使用者的需求。

哈網自稱是個網站內容提供者，也是一個讓資訊匯集流通的平台，「因為內容（content）不要錢，」哈網總召集人陳金印如此說著。有了這樣的理念，哈網集合了幾十家券商的研究報告，讓各家針對上櫃、上市及未上市的科技個股做詳盡分析，到目前為止，資料庫裡共累積了一萬三千多篇的研究報告，而如此大量的研究報告，正是哈網的競爭利基所在。以往的經驗是，上了某家證券公司的網頁時，總要先輸入會員編號密碼，才能看到個股分析資料，而哈網所提供的所有內容都免費，甚至投資人都可以加入討論。

現在哈網有兩百多個討論區，每天都有國內各法人機構所屬的分析師、研究員等專業會員一千多人，與產業界人員、投資玩家等會員兩千多人在線上互動，而這也是哈網和23xx電子論壇另一項差異，23xx電子論壇以高科技產業專業人員為主要特色，而哈網是以專業證券從業人員（分析師、研究員）為其特色，而這也是其每日吸引如此多的眼球原因。光是今年三月份券商的報告就有二十萬人次瀏覽，網頁到訪人次（pageviews）更高達九十七萬。

訪談紀要：

哈網十萬元起家的傳奇故事，已在網路界普遍流傳，而它在投資領域的號召力，對投資人的吸引力，也在網路界佔有一席之地。

哈網創辦人陳金印與高曉龍是證券業資深人士，感於網際網路的興起將大大改變資訊的流通與傳播方式，進而影響國內「投資」、「創業」兩個領域的生態，因此在1998年9月開始哈網的經營。哈網，HAA取自高科技分析師聯盟的英文縮寫，Hi- tech Analyst Alliance，不定期舉辦證券業分析師參訪團，拜訪高科技公司，費用時間都在網站上公布清楚，非常公開。對於時常需要拜訪公司的分析師來說非常方便，也是目前哈網除了廣告外的另一收入，還推出線上影音的活動紀錄，讓大家可線上參觀訪問經過。

哈網是目前財經網站中最以社群經營為特色的網站，它更自我定位為「利用網路在財務投資領域提供創新的資訊及服務」，以持續提供哈網投資社群更多新的創新服務。因此哈網除了開闢討論區，讓不同背景的網友充分討論、交換意見，讓一般大衆能瞭解專業而嚴謹的投資知識。更進一步整合各券商分析報告提供加值的投資指標，如首頁中的「券商投資評等」單元，豐富的投資界資源，為將來提供收費的報告打下基礎。

與一般網站不同的是，哈網開發不少個人化工具：如My haa中的「個股看板」、「投資組合」、「投資警訊」，提供投資人進行線上理財試算，線上下單，掌握股市動態。哈網眼中的網路，代表著「人與人之間的創新聯繫方式」，這解釋哈網的發展軌跡。哈網為了落實「個人化理財功能」的理念，斥資三千萬台幣購買甲骨文的資料庫和電子商務解決方案，是台灣第一個與甲骨文聯盟、採用甲骨文電子商務解決方案經營的網站，企圖心可見。

而開發新的網路商業模式或服務，並加以應用推廣，也是哈網將來的營運方向，為了迎合「新經濟」的潮流，哈網認為唯有「知識經濟」才是網路經濟的主流。哈網觀察，現在美國的網路都投注心力在專利權的開發、申請與保護上。前一陣子最大電子商務龍頭Amazon 就曾與對手Barns&Noble為侵犯專利打官司，使哈網堅信，評斷網路股後成敗的最客觀指標，在於公司專利權的多寡及每個專利權的市場價值。

哈網認為，網路是一個全球的市場，具非常大的規模經濟與報酬遞增特性，這也是網路股價能超越過去評比股價本益比的觀念，而被許多投資分析師認為股價享有想像空間的原因。但網路另一個特色是進入障礙低，因此不斷創新的背後有賴專利權來保障，確保利潤空間與競爭力，而這也是打全球戰的基礎。

目前哈網預計今年底送出十件專利案。在台灣、大陸、美國等主要國家申請一件專利案需數十萬新台幣。但哈網卻認為值得，因為哈網看的是未來。在哈網的人力配置上，企畫、技術、編輯與管理人員各佔四分之一，不像一般網路公司技術人員比例通常特別高的情況，因為哈網需要更多的企畫相關人力在更多創新服務的構想及規劃上，發想具市場價值的創新交易工具與方便網友互動程式。

網站營收與來源

目前哈網並未經營任何電子商務商品銷售，而且會員加入目前也是免費的，因此收入來源以廣告與參訪活動業務為兩大來源，其中又以廣告收入為最大來源。目前哈網的最新月營收為三十萬台幣，若以目前的資本額1.63億來看，似乎稍嫌不足，若以目前人員規模45人，每月的人事費用約要兩百萬左右，因此每個月的營收仍不足支應基本的人事支出所需。

對於未來應收的來源方面，哈網計畫在未來的獲利，除了目前以經營流量拉攏廣告外，將增加另一種營收來源，就是介入線上金融的部份，仲介相關金融產品的買賣、網路下單、買賣基金，並收取相關的佣金。

前景展望

目前和哈網策略聯盟的夥伴有微軟的MSN台灣、奇摩聊天室、蕃薯藤財金網和資迅人ICQ的資訊頻道。而哈網在千禧年的營運計畫方面，包括哈網股市、哈網基金、e經、VC、IPO的垂直整合，以及哈網債市與演算工具等平台的水平整合，再加上新納入營運版圖的e-Commerce這一塊，如「哈網投顧大街」、「俱樂部」等電子商務網站。

掛牌規畫

由於哈網目前正積極的調整組織，計畫以最快的速度掛牌一類股，但由於仍處於虧損的階段，假若要在今年掛牌或明年掛牌二類股的話，則必須經由工業局出具推薦核可證明，才有機會於今年底達到掛牌的目標。目前哈網尚未公開發行，而且在未上市仍無股票交易，對於有興趣的投資人或許可以在年底時在未上市市場觀察有無籌碼外流。

觀察重點：

1. 建立長期而穩定的收入商務模式

由於哈網所經營的是以投資討論社群為主，而且網站的大部份內容是各大證券投資機構所提供，而且所提供的服務與資訊均為免費，因此在網站營收的來源方面頗令人擔憂，而同樣是以經營投資討論社群的23xx電子論壇也面臨同樣的問題，任何網站經營目的最終還是電子商務，因此建立出一套能自給自足的收入模式，是所有網站經營者將面對的一個重要課題。電子商務的啟動要素包含產品，人氣、交易平台以及合適的商務模式，而其中又以人氣的聚集難度最高，假若以目前哈網會員人數累積超過六萬人，每個月會員回流超過五成以上，以及網站每日流量超過一萬三千人次來看，在導入電子商務時已具備三分之一的成功機會，而這個時刻所要思考的是導入何種商務模式（B2B,B2C,C2C）與商品類別，並建立長期而穩定的商務運作模式。

2. 加強線上金融的導入

由於具備與各大證券投資機構良好的互動關係，因此對於線上金融市場的切入，成功的機會頗大，而網站本身則必須將目前國內的金融商品加以分類，深入瞭解交易流程，以及在整個交易流程中可能的利基位置，並且解決交易平台與金流的問題，將看報告與交易這兩件事，能在同一個網站完成，另外可以結合哈網目前發展的個人化服務，讓每一位到訪者都有成為VIP的感覺，享受哈網所提供的獨特服務，或許是另一種可能商機。

3. 多元化發展

其實哈網模式的成功，有一部分的因素是碰到股市多頭的大環境因素，因此隨著股市成交量的放大投資人對於投資資訊需求殷切，所以造就了哈網(haa)與23xx電子論壇的成功模式，但是這也是令人擔憂的事，這種類型的網站會不會隨著股市進入空頭，嚇退了大部份的投資人，使投資人暫時退出市場，由於對於市場的參與減少，相對的對於相關的資訊失去關注，間接導致這些網站到訪人數逐漸減少，當網站失去人氣時，那所剩下的還有什麼呢？未雨綢繆，或許是最佳的答案，而多元化發展卻又是另一個答案。

基本資料

網站名稱：酷必得 www.coolbid.com.tw
公司名稱：資訊人網路集團
成立時間：1995年1月
主要經營：執行長/創辦人：賀元 交大電子畢
執行副總/創辦人：薛曉嵐 台大農化系 政大企管所畢
中國區總經理：吳世雄--前英特爾亞太區行銷總監
總 經 理：范慶南--原北京奧美廣告公司總經理
資本額度：目前已增資到七億台幣
法人股東：英特爾、普訊創投、高盛公司、花旗集團、上海聯創
員工人數：約260 人〈台灣170人、大陸90人〉
網站目標：全球華人網路軟體和服務公司。
營收狀況：1999年總營收在300萬美金，2000年目標訂為1100萬美元
競爭優勢：
1.經　　驗：四年的經營累積許多寶貴的經驗與想法。
2.經營團隊：網羅各領域的專門人才，非常堅實的陣容。
3.市場知名度：四年來累積的品牌形象，已建立極高的門檻。
掛牌計畫：規劃於明年在美國NASDOQ掛牌。
經營理念：最符合人性化的產品
認股政策：無資料

人氣指標：
每日流量：無資料
會員人數：兩岸超過19萬人〈單就酷必得網站來統計〉

附註：由於資訊人不便受訪，此篇由側面可靠資料匯整而成

網站速寫

台灣酷必得（Cool Bid）於1998年12月成立，成為第一家提供華人安全的線上即時競標的購物網站，消費者可以在網站上瀏覽商品目錄，提供拍賣的商品包括了：電腦、通訊、家電、生活/精品、休閒/旅遊、影音/文化、遊戲等七大類。大陸酷必得目前則只有通訊、資訊、家電、精品四類。

酷必得提供了「互動式價格」給消費者選擇，目前共分為三個模式：

1. 搶標場：搶標場中由多人出價競標單件商品，最後在結標時間內以出價最高者得標，「酷必得」將以E-mail通知得主，得主就可以在「酷必得」首頁上方選擇「結帳付款」來完成購買手續。
2. 逢低買進：商品的價格會上下變動，消費者可以在出現心目中的理想標金金額時，下標直接購買產品。
3. 集體議價：集體議價的價格根據人數多寡，而有不同折扣，所以當越多人參與殺價行動，價格將會逐漸下滑。

酷必得的會員資料是以E-mail作為身份認證，會員分為正式會員及搶鮮會員二種：

1. 正式會員：可參加站內所有的標購活動，不過在註冊過程中必需提供信用卡資料。
2. 搶鮮會員：

若無於註冊過程中列入信用卡資料者，則僅能參與逢低買進和集體殺價活動，或者是未註冊者，於前二種活動中直接輸入E-mail完成初步註冊者亦暫時視同搶鮮會員，搶鮮會員可隨時透過「查詢/修改」中個人基本資料的功能將信用卡資料輸入而晉級為正式會員。

在結帳付款方面，酷必得擁有：信用卡、自動提款機轉帳〈ATM轉帳〉、郵局劃撥三種付款方式。另外酷必得發行有電子貨幣：「酷幣」，提供會員在消費時得以折抵貨款（折抵額度依產品而不同）。一元的酷幣等於新台幣一元，酷幣的使用方法會員於結帳（答標）時，系統會告知您目前所累積的酷幣金額，於付款時在「使用酷幣」選項中指定（填入）使用多少額度，系統會將總金額減去可折抵的「酷幣」金額，並結算實際應付金額。

網站經營類型

台灣開始有規模的經營網路購物商場是從宏碁集團一九九七年成立Acer Mall（現已更名為（www.buy121.com.）開始，由網站提供實體商品販售，包括CD、書籍等。利用安全交易系統，橫跨資訊流、金流、物流三大面向，讓消費者、廠商、銀行、物流等各單位輕鬆查詢、處理訂單資訊。近一、二年購物網站愈來愈多，但多為B2C（企業對客戶）模式。此後資訊人推出「酷必得」（www.cool-bid.com.tw）、力傳資訊推出「拍賣王」（www.bid.com.tw）等，推出拍賣網站，提供網上拍賣、網路競標、集體議價等服務。除提供B2C外，甚至還提供了C2C（客戶對客戶）的服務。

一般集體議價網站，必須要集合一定規模的採購量，才能夠取得價格上的優惠，但是酷必得的集體殺價區標榜每位消費者對價格下降都有貢獻，因此就算登記購買的消費者只有一至五人，降價的幅度也比同性質的網站來的大。拍賣是消費者彼此間在競爭，以出價最高者得標；而群體議價則是藉由消費者間的共同合作，形成大量的訂單後，再向供貨商取得價格上的優惠。但在台灣經營群體議價，必須考量商品的屬性，與消費者的數量是否足夠達到經濟規模。根據側面觀察，由於3C產品是網路購物的搶手貨，例如手機、MP3播放機等，因此議價區的產品選擇傾向於3C商品。

除了熱鬧的B2C活動，酷必得也有C2C的功能，在「個人戶專區」中，會員可以上網拍賣貨品，分新貨與二手貨專區，甚至還有股票在網站上拍賣，非常有趣。

公司簡介：

成立於1995年一月的資迅人，是由兩位當時還在念研究所的賀元和薛曉嵐，以五十萬成立的公司。原先以出版電腦書籍為主，後來切入網路業，更因大股東英特爾的青睞，加上優秀的產品與有策略的行銷手法，聲名大噪，被視為台灣網路業的指標企業之一。

資迅人在1995年出版的工具書獲微軟及消費者的肯定，1996年網路話題在國外初露頭角，資迅人也成立軟體研發部門，並在1996年底成立「一網情深」交友網站。1997年IQ搜尋軟體獲得ZD NET的五星級評等，而1998年IQ98在台、美、日、德等地同步上市，各國媒體爭相報導。

98年8月研發的全球第一套中文網路傳訊軟體「8dCall」，由於切入市場的時間點掌握得好，在華文地區占有率十分高。8dCall網站的單日Pageview突破百萬頁，每日停留時間在4小時以上，相當受歡迎。同年底由於爭取到英特爾的策略聯盟，資迅人知名度大幅提昇，也搖身一變為美商。

資迅人在98年12月就推出線上競標網站「酷必得」，營業額以每月130%的速度成長，99年又推出「得來速」、「集體殺價」等功能，加上媒體強力宣傳曝光度，目前每月營收突破500萬，會員數超過十萬名。集體殺價的威力曾創下單日營業額250萬的紀錄，非常可觀。

縱括而論，資迅人的業務範圍涵蓋1.網路通訊平台開發：「8dCall網路大哥大」、「MP3音樂夢工坊、「IQ網際搜尋家」。2.網路社群經營：8d8d.com網站。3.電子商務：酷必得購物網站。

營收來源與概況

酷必得的台灣網站在1998年12月成立；大陸網站則在1999年12月開站，短時間內已是大陸第一大電子商務網站。目前營收以台灣來看，每月有1500萬元營收；大陸則每月有150萬人民幣營業額。

資迅人目前營收來源有三種：電子商務為最主要營收來源，另外軟體授權費、廣告收入則分居應收的二、三名。對於外界十分關心資迅人在營收快速成長的同時，將於何時開始獲利的問題，過去資迅人預估將在2001年或2002年開始獲利，但據內部人員透露，此一獲利時間表將是在資迅人未進行大規模購併案、以及現有營運按部就班進行的假設下才成立，對資迅人現階段而言，仍將以公司長期發展為優先考量，獲利並不是公司經營的唯一目標。

前景展望

1998年12月酷必得推出，營業額以每月130%的速度成長，1999年又推出得來速、集體議價等功能，再加上媒體的強力宣傳，使得酷必得的知名度大增。目前每月營收已經突破1500萬，會員數超過十萬人。

另外酷必得在大陸與上海國脈、中國潤訊結盟，共同開發中國大陸的市場（2000年5月），以期能成為兩岸三地最大的網際網路服務聯盟。所推出的酷必得大陸站在短短的三個月內會員數已達十二萬、電子商務交易額在2000年二月初之前就已達100萬人民幣，四月更突破150萬人民幣。公司預計明年營收可達1100萬美元，其中

台灣站55%；大陸約佔45%。

由人事佈局及行銷方向可以看出資迅人國際化的旺盛企圖心，與對亞洲市場的重視。除了北京、上海的營運辦公室外，預計明年將赴日本、香港、新加坡設立據點，在新加坡方面可能是採取策略聯盟的方式。由於資迅人的公司定位在於：亞洲電子商務與即時通訊的業者，因此目前並不會考慮往ASP的方向或入口網站的方向進行。

規劃掛牌目標

據了解截至2000年5月止，資迅人募集的金額已由一億六千萬元增加到七億元，目前由於受到保密條款的限制，除了英特爾外暫不得對外公佈其他股東名單、股東的持股比率。

而未來的掛牌地點，若美國的NASDAQ仍然持續榮景，NASDAQ應該會是首要選擇，掛牌時間預計在2000年年底以前完成，同時不排除在台灣、香港也申請上市，屆時可能成為第一家在美上市的台灣電子商務公司，一般網路公司的掛牌價落在9-18美元之間，資迅人的掛牌也會在此範圍。

觀察重點

1. 交易安全的考量

在大陸地區，現階段的電子商務尚未突破人們「電子商務是否安全、可靠」的心防。在中國信用制度並不完善的情況下，導致網路結算困難，光靠銀行的力量也很難解決此一問題。再者交易安全不僅僅只在大陸地區發生，在台灣同樣也都是消費者很擔心的問題，尤其是在世界各地知名網站不斷傳出遭駭客入侵後，大家對線上交易的安全性更是持保留態度。

2. 物流體系與金流系統問題

在大陸地區，物流體系與金流系統不健全，是最大的障礙，為解決物流問題，酷必得與大陸最大的本土快遞公司EMS簽約，可以將貨物送到四百八十個大小城市。不過，EMS要求該公司先繳交押金，再履行運貨協議，據聞是一筆可觀的數字。這些尚未排除的種種障礙，仍是欲先行前往大陸卡位的網路商要承擔的最大風險。

3. 政治風險

酷必得大陸分公司在1999年12月20日才成立，所推出的酷必得網站在短短三個月內會員數已達12萬人，遠超過8848、雅寶（Yabuy）、網獵（clubcity）等網站的六至九萬會員數，躍升成為華人最大的電子商務網站。不但在會員數上是大陸B2C最大的電子商務，到了二月初過年前，電子商務交易金額已達100萬人民幣，預估未來營收也會是電子商務網站中最高的，用一炮而紅來形容酷必得大陸分公司一點也不為過！

由於在大陸的策略奏效，今年預估營收可達去年的三倍以上，其中更有高達45%的營收來自大陸分公司。以此情形看來大陸分公司的營運狀況日趨重要，也就是說只要大陸方面有任何的風吹草動、兩岸關係的緊張，對酷必得的影響是不容忽視的。

基本資料

網站名稱：拍賣王(bid.com)買賣王〈ubid.com〉
公司名稱：力傳資訊
成立時間：1995年原是多媒體軟體公司，1998年納入電子商務團隊，轉型為網際網路公司。
主要經營：總經理 林啓東，台大資工系、台大商研所畢業，華邦電子4年產品行銷經驗。
資 本 額：以一千萬起家，目前為1.4億法人股東：蕃薯藤數位科技、乾隆資訊等。
員工人數：30 人
目　　標：全方位電子商務經營者(B2C C2C C2B B2B領域皆會嘗試)
競爭優勢：很早就進入市場，建立良好品牌認同。
經營理念：華人電子商務軟體開發及整合全傳播網路行銷，專心做好電子商務。

人氣指標：
流　　量：每天3萬人
會 員 數：8萬以上
客戶分佈：平均年齡25歲，男生與女生的比率是8：2；學生與上班族的比率為3：7 。（由於以信用卡為主要交易方式，因此上族人數較多）

網站速寫

拍賣王網站目前提供的商品類別有電腦與周邊、行動與通訊、家電與音響、精品與旅遊等，大部份以3C產品為主流，而這也是目前國內相關網站所主打的熱門產品，相較於其他產品較易創造人潮與流量，另一個原因則是，目前國內上網的網友以學生、年輕人為主有關。

在該網站的商業模式方面，目前有四大項銷售模式，分別是搶標(Bid Now)，立刻買(Best Buy)，集體購(Let's Go)，以及樂透(Lottery)，不但有低價商品，且成交後網友不必付運費，非常吸引人。

1. 所謂的搶標(Bid Now)，在網頁會標示為"標"，類似於將蘇富比拍賣會的拍賣現場的運作方式搬到了網路上，在拍賣王，任何標有(標)圖案的商品，均可以讓您享受競標拍賣的樂趣，出價最高的人就可得標。假若該網站所提供的同種商品數量不只一個時，前幾名出價最高的人皆可以用自己的標價買回商品。

2. 立刻買(Best Buy)定價購買的機制，在網頁會標示為"買"，只要點選想要購買商品的圖示（已經有固定標示價格），並進一步在線上完成交易條件確認，如此便算交易完成，這種方式有點像是在網路虛擬商店的特價區一般，看見喜歡且價錢合理的商品時，會立刻買下，拿了就走的意思一樣。

3. 而集體購(Let's Go)，顧名思義就是以集體購買集體議價方式獲得價格上的

優惠，在網頁會標示為「集」，可以讓您享受以量制價的好處，這種只要購買人數達到一定門檻，價格便自動下降一級，購買人數愈多，省的價錢愈多，這種電子商務型態最能夠在網路上發揮效益。

4.除了叫價競標，拍賣王還有樂透(Lottery)的活動，樂透的設計機制是，只要購買樂透商品的人數到達總募集人數的門檻，樂透即抽出大獎，除了出錢買東西之外，在拍賣王還可以免費中大獎，一舉兩得。

此外，在這種集體議價模式下，若訂單未達到一定的規模量，導致交易失敗時，對最先加入的消費者並不公平，因此，拍賣王提供一種保護機制，網友可先設定要獲得商品的保留價格，若交易失敗時，可選擇不購買或以保留價格取得，另一方面，若交易成功時消費者違約則會有違約金的扣除機制，是消費者應該注意的。

至於Ubid買賣王提供買賣雙方自行登錄與交易的自動拍賣系統，想賣東西的人向網站登錄之後自行將物品資料張貼在網站上，訂出底價與拍賣期限；想買東西的人則在登錄之後取得競標出價的資格，最後由出價「最高標」的競標者得標，網站本身並不涉入交易金流與物流。由於uBid有清晰的物品分類，不僅讓提供二手品上網拍賣容易，網友要尋找二手品時，也不再需要到處搜尋或到BBS中苦苦的找尋想要的物品。

此外有網站也會列出賣方的交易紀錄，有網友評比，作為買方的參考。

網站經營型態

美國的證券分析師將網路拍賣網站，形容為一項「印鈔票的事業」，而各種拍賣網站經營模式不盡相同。若以買賣對象來區分，最常見的是B to C（Business to Consumer,企業對消費者）及C to C（Consumer to Consumer,個人對個人）兩大類。

C to C經營模式的最佳代言網站，在美國有高達89%市場占有率的eBay，台灣則有力傳的買賣王（ubid.com.tw）及夢想家的搶手貨（4sale.com.tw）。這類網站僅負責提供交易環境及機制，而不主動招商。商品來源完全開放由網友與廠商洽商提供，商品的性質一般以二手貨或是過期存貨為大宗，如此網站本身沒有庫存的問題，因此可以大幅降低營運成本，而網站收入的來源主要是交易成功時廠商或賣方所回饋的佣金，但一般這種商務模式網站本身介入（如金流與物流）的程度不高，因此從賣方取得的佣金也較低或甚至免費。

至於另一種營運方式B to C，則是由廠商提供商品（一般為新產品），賣方多半是和網站經營者簽訂契約，品質有相當程度的保證，消費者所標得的價格通常會比市價低一點，具代表性的網站有美國的亞馬遜、Onsale（onsale.com），台灣則有酷必得(coolbid.com)、拍賣王(bid.com)與飆標王(hotbid.com)。依照美國市場研究公司Forrester Research的調查顯示，一九九八年線上拍賣的總值是14

億，到了二〇〇三年將提升到190億，而其中的66%都來自B to C的網路競標。

美國英特爾（Intel）公司投資的資迅人拔得頭籌，在去年十二月率先推出國內第一個線上競標網站酷必得（coolbid.com.tw），打出一元即時拍賣來號召人潮；而主要以三C產品為主的力傳資訊拍賣王（bid.com.tw），也在今年二月份加入網路競標市場，主要是集體議價與拍賣競價的經營型態，屬於B2C與C2B的一種綜合型網站；入口網站「夢想家」（dreamer.com.tw）跟著在五月推出飆標王（hotbid.com.tw）競標網站，與力傳資訊採取策略聯盟的合作方式，由夢想家負責網路人潮的導入及產品，而力傳則肩負拍賣站上的技術及物流。

截至目前，力傳會員已超過95000人，每日pageviews達25萬次，每日拜訪人次3萬人，累計上網人次已超過400萬人。力傳今年營運目標，會員數期望年底時能達到15萬人以上，每日pageviews達50~60萬次。

訪談紀要

力傳資訊成立於1995年，原是多媒體軟體公司，1998年底因為看好網際網路的市場，所以轉型為網際網路公司，資本額擴大為一億四百萬元，1999年一月以情人節玫瑰花一元起標首開網路拍賣的先鋒，短短一年間與新力、夏普、諾基亞、震旦行、佳能、柯達、IBM、Toshiba、華碩、神乎科技、鎮金店、SWATCH等建立合作關係，商品資料庫已累積超過2000件商品，供應商超過

1000家，2000年起每個月營業額都突破一千萬，是台灣網路最大的拍賣網站之一。

預計在第二季起，拍賣王(bid)將加快步伐，結合實體世界的通路與媒體，擴大營業額與知名度，如最近的計畫便是配合時下的哈日風，與有線電視台JET TV合作，推出哈日商品上站拍賣。

力傳資訊另有一個供網友彼此間交換買賣二手貨的網站，成立於1998年底，名為Ubid買賣王網站，目前也逼近每日20萬人的瀏覽次數，累積買賣物件達七萬件。Ubid的目標也是整個華人市場的個人二手貨交換空間。

拍賣王看到了什麼？目前估計一年三千億的零售市場。經過長久的教育，目前大眾對網路購物的認知已大幅提昇，來此消費的顧客有兩類：一是有不錯消費能力且勇於嘗試新事物者，樂於享受購物折扣及在家收貨的方便，通常服務於高科技業者居多；二是沈浸於網路的年輕族群，雖沒有高消費實力，視網路購物為天經地義，習於在家享受一切網路服務者。拍賣王認為目前只爭取到1%的客戶而已，將來仍有極大的空間。

因此拍賣王強調，公司裡頭四大部門：行銷、技術研發、客戶服務、商品管理缺一不可，總統選舉完後，將是各網路公司奮力一搏的時點，預期將會是正規軍間的競爭，當許多人是全心全意投入時，過去個人工作室的小規模將輕易被淘汰。拍賣王目前設有一個轉運中心，做一、兩天的庫存用，最終目標是可以免掉

庫存中心，更精簡人力。

展望未來，拍賣王很有信心，以目前累積的專業、速度、品質，電子商務經營的Know-how，正準備往大陸佈點，因此，第二季換辦公室後，將再有一次增資，希望能吸引法人投資，也將開放一部份給一般投資人。拍賣王強調，絕不希望有股票狂飆的情形發生，因此將以保守謹慎的態度處理上櫃的問題，一切順利的話，預計今年底應可掛牌上櫃。

網站營收模式及概況

《拍賣王》去年一月正式上網，二月的時候趁著情人節之便，賣了5 萬朵玫瑰花，創造了60萬的營收。目前《拍賣王》擁有三十多位員工，會員人數超過八萬人，每日造訪這個網站有三萬人。

力傳營收主要來自網站上廣告收入、交易手續費及相關服務費，88年營收約4500萬，全年結算小虧690萬，以拍賣王（B2C）的業務收入為最大，公司目前仍處於虧損中，並估計八十九年營收為兩億元，有機會突破三億元，獲利方面則期望能損益兩平。

拍賣王網站在整個電子商務交易過程中，所扮演的角色是交易貨品與資訊的仲介者，但對於商品部份仍是事先向廠商進貨的方式，因此會產生存貨的問題，一般其存貨大約佔總資產的5%左右，因此真正的主要的收入來源仍以交易佣金為主，另外則是廣告收入等，到三月份為止的月營收已經突破一千一百萬。

《拍賣王》主要經營人林啓東說，拍賣王這一、兩年大概都還不可能獲利，但是他十分看好電子商務的前景，未來《拍賣王》將往更為全面的電子購物發展。「幾年後也許就有上億的營業額，現在最重要的是做好準備的工作，到那時回頭看，現在的虧損也許就不算什麼了」。

而國外的相關拍賣網站則有eBay與Amazon，但eBay與Amazon的經營模式卻不甚相同。eBay只負責提供交易環境及機制，商品來源完全開放由個別網友提供，一般廠商上站促銷商品雖然被允許，但eBay並不主動招商，這是典型的「P to P」(Person to Perso n，個人對個人)經營模式。Amazon則積極招募廠商參與，並以商品種類極大化為目標，其經營模式偏重於「B to C」(Business to Consumer，企業對消費者)。

以eBay而言，這間開幕於1995年的網站，目前每月造訪人數高達650萬人，市場資金高達230億元（是超商連鎖店Kmart的三倍），該站本身沒有進貨問題，買賣雙方可直接在線上交易競價，同時該站也不負責貨品真偽的問題。而國內相同類型的網站經營的類型似乎不脫這兩種型態。

前景展望

目前拍賣王網站每月收入超過一千萬台幣，力傳資訊總經理林啓東表示，集體

議價模式的特點是以消費者群體採購的力量，取得傳統市場上大盤商才能擁有的優惠價格。但這種新型態的採購方式，需要長期教育市場，因此拍賣王網站先推出渡假飯店住宿券一種產品，從現有的會員著手，觀察消費者的採購行為。

在議價模式方面，現階段仍是以消費者集體採購的力量，但產品價格仍是由供貨商做主導，限定價格與數量的曲線（又稱為價格階梯曲線）。林啓東表示，目前的操作方式，有點像學校買參考書的模式，例如，10人購買可能是九折，20人為8折，依此類推。

而第二階段時，將會導入C2B的議價商業模式，由網友決定自己想購買的東西，並且由消費者主動去邀集親朋好友，形成採購力量，再由力傳拿大量訂單的籌碼尋求供貨商，並代替額網友或會員向供貨商爭取較低的價格，力傳公司在這整個交易過程中所扮演的角色如同交易經紀人（AGENT）。

拍賣王在會員數與知名度逐漸打開之際，將於89年今年投下約9,000萬元的預算在行銷上，希望能更加打響力傳旗下網站的品牌，此外，四月也將擴大營運範圍，成立B2B及C2B網站，並且進軍大陸，在上海設立辦公室，為未來的EC業務鋪路。uBid最近對C2C拍賣行為做出調查，發現由於國內使用C2C網站的網友，仍以男性居多，在拍賣物品上則以資訊類與通訊類為主，兩大類約佔了拍賣物品的60%，平均每筆交易金融則為6,000元。

uBid副總經理何英圻指出，在市場上目前有的C2C網站當中，以會員數、物件數以及瀏覽人數來看，預估uBid的市場佔有率約佔有六成。目前uBid共有超過八萬名會員，拍賣累積物件超過5萬件，每日的瀏覽人數約為15～20萬人次。

掛牌規畫

力傳公司目前實收資本額已由1600萬元增資到1億400萬元，法人股東包括蕃薯藤、乾隆資訊以及Asianet國外法人，員工人數30人等。力傳已於3月辦理公開發行，5月向申報上櫃輔導，預計年底申請二類股掛牌，並將進行現金增資到2億元，目前的輔導券商是建宏證券與金鼎證券。目前在未上市中也沒有股票流通，因此無參考價格，興趣的投資人可持續觀察。

觀察重點

1. 今年要達損益平衡仍須努力

根據資策會MIC資料顯示，我國98年B2C與B2B市場總值分別為新台幣6.31億元及8.72億元，至99年則分別成長至16.3億元與10.33億元，預估2002年則至81.9億及165億的規模，雖然市場已初具規模，但大部分電子商務網站均在賠錢的狀態，但各家業者為搶佔市場先機，無不充分發揮既有優勢進行卡位。

另外由於二類股規定在掛牌前必須無累積虧損，因此力傳資訊想要在今年底提出掛牌二類股的機會不大，除非在今年底之前公司營運能達損益平衡，或進一步

有獲利，因此要達成掛牌的目標，或許2001年在大環境與公司等相關條件的配合下不無機會！

2. 忠實社群的支援

電子商務的成功與否，「人」佔了很大的因素，由於拍賣王發展之初是以C2C(Ubid.com)的商務模式為起點，由於這種類似於跳蚤市場的交易模式，仍存在著交貨不易，收款不易以及商品品質不定的問題，勢必會影響會員的回流與網站留置時間，如此人數不易達到交易的經濟規模，容易使交易失敗或交易達成的機會降低。

3. 社群的導入

承上，不論是B2C或C2C類型的網站，人氣是所有交易的基礎，但對於一個一開始不是以建立社群為主要目標的網站來講，要透過社群的方式來拓展電子商務，進入障礙頗大，而且一個網路社群的經營相當不易，忠誠度的培養相當費時，假若一開始便建立在電子商務的基礎之下，可能會因為過於商業化而使社群的建立因此失敗。

對於這樣的問題筆者認為採用策略聯盟或許為一種不錯的切入方式，因為網路社群最終將會導入電子商務，站在專業分工的角度來看，將個人化的社群與商務型網站（如B2C與C2C）加以結合，最能發揮彼此的優勢，將B2C與C2C導入社群中，提供社群會員更多的消費管道與消費優惠（如同會員專屬），建立起社群的尊榮感、獨特性，有助於會員的忠誠度與認同感，而社群網站本身也可以從電子商務交易中獲得收益，另外商務網站本身也會因為人氣的增加，使交易的機會增加，對於營收的幫助是相當明顯而且也可以預期的，經由這樣的策略聯盟達到雙贏甚至三贏的結果。

4. 商品的獨特性與稀少性

拍賣網站吸引人的一個最大因素就是價格，假若拍賣網站無法在價格上搶得優勢，那麼就必須在商品內容（如獨特性與稀少性）上下功夫。從另外一個角度思考，每一個網站若以價格低廉為出發點，最後會陷入價格惡性競爭的兩敗局面（供貨商與網站），這樣其實已經違反經營事業獲利的目的，因此從商品的獨特性與稀少性方向發展，不失為在價格競爭之外的另一種三贏局面。根據資迅人所做的問卷調查結果，受訪者未來最想購買的是新奇且未上市的商品，消費者在購買這類商品時，在乎的就不是「價格」而是「價值」了。同樣的道理，限量性商品也很值得拍賣網站加以開發。

5. 對消費者保護機制

由於目前在電子商務交易部份，相關的法令並未完備，因此消費者的權益常在不知不覺中受到侵害，尤其在C2C類型的拍賣網站中容易滋生詐欺或違約等情事，這對網友與網站而言都會造成不同程度的傷害，假若網路這麼容易發生詐騙，如何說服消費者參與呢？在美國就因此發展出提供「附帶條件式契約」

（Escrow）的新興服務，也就是買方先將貨款交由提供此類服務的網路公司或網站，直到買方確定對商品滿意，而賣方也確定貨款入帳無虞，交易始得以完成。猶豫期的期限在契約之內會加以明定，這類契約可大幅降低詐騙的可能性，或許這是國內相關業者能參考的作法。

拍賣網站注意事項

相關法令問題

網友在參與拍賣網站前有一個非常重要的問題瞭解的，就是誰是拍賣或標賣物品的出賣人？在一般的商品買賣中，出賣人必須負商品的瑕疵擔保責任。

提供虛擬商場的網站就同量販店，提供賣場給不同的商品經銷業者，使網友可以在同一個網站上購買到不同的商品。如果網路消費者購買商品是直接向出貨廠商付款並由廠商直接送貨，則商品的出賣人就是提供該商品的廠商。但是如果是由拍賣網站統籌拍賣或競標的工作，得標後再由網站通知廠商交貨或送貨，而且網站又有客服中心接受售後及退／換貨的服務時，到底是拍賣網站或是提供商品的廠商是商品的出賣人，就很難令網路網友清楚判斷。

為了使網友清楚明瞭誰是商品的出賣人，及商品出現瑕疵時究竟該由拍賣網站或是出貨的廠商負責，最好在拍賣網站網頁上或親自詢問，進一步瞭解拍賣網站提供商品競標或拍賣服務的規則、出貨和退貨流程以及拍賣網站與廠商間的關係和責任歸屬的問題。

此外，在相關的法令如消費者保護法中規定，以郵購買賣及訪問買賣的方式所購買的商品，可以在收到商品七日內不問任何理由退回商品，或以書面通知企業經營者解除買賣契約。但目前法律無明文規定網路購物是否屬於郵購買賣，或是可以適用上述規定，而且網路商品拍賣或標賣又與一般商品買賣方式有別，不過拍賣網站經營者仍應參考上述消費者保護法的規定，審慎訂定出兼顧消費者合理權益的退貨辦法。

附註：拍賣網站注意事項

相關法令問題

網友在參與拍賣網站前有一個非常重要的問題瞭解的，就是誰是拍賣或標賣物品的出賣人？在一般的商品買賣中，出賣人必須負商品的瑕疵擔保責任。

提供虛擬商場的網站就同量販店，提供賣場給不同的商品經銷業者，使網路友可以在同一個網站上購買到不同的商品。如果網路消費者購買商品是直接向出貨廠商付款並由廠商直接送貨，則商品的出賣人就是提供該商品的廠商。但是如果是由拍賣網站統籌拍賣或競標的工作，得標後再由網站通知廠商交貨或送貨，而且網站又有客服中心接受售後及退／換貨的服務時，到底是拍賣網站或是提供商品的廠商是商品的出賣人，就很難令網路網友清楚判斷。

為了使網友清楚明瞭誰是商品的出賣人，及商品出現瑕疵時究竟該由拍賣網站或是出貨的廠商負責，最好在拍賣網站網頁上或親自詢問，進一步瞭解拍賣網站提供商品競標或拍賣服務的規則、出貨和退貨流程以及拍賣網站與廠商間的關係和責任歸屬的問題。

此外，在相關的法令如消費者保護法中規定，以郵購買賣及訪問買賣的方式所購買的商品，可以在收到商品七日內不問任何理由退回商品，或以書面通知企業經營者解除買賣契約。但目前法律無明文規定網路購物是否屬於郵購買賣，或是可以適用上述規定，而且網路商品拍賣或標賣又與一般商品買賣方式有別，不過拍賣網站經營者仍應參考上述消費者保護法的規定，審慎訂定出兼顧消費者合理權益的退貨辦法。

基本資料

網站名稱：百羅網 百羅旅行網 www.buylow.com.tw
公司名稱：百羅網股份有限公司
成立時間：1999年8月
主要經營：執行長 張華禎 UCLA企管碩士，訊連科技總經理
　　　　　總經理 張仲明 大鵬旅行社、鳳凰旅行社總經理
資 本 額：以2千2百萬開始，目前已增資到 1.22億
法人股東：訊連，行家旅行社，中華開發，台灣工業銀行
員工人數：30人
目　　標：百羅旅遊網做到華人旅遊網的第一，百羅網做到產品最豐富價格最便宜的第一購物網站。
聯盟伙伴：百羅網目前有50個產品線合作廠商，上千個產品線。
　　　　　百羅旅行網與各旅行社、航空公司、飯店都有合作，產品項目已有七百項。
營收狀況：每月營收約六百萬，百羅網與百羅旅行網的營收比率是3：7
競爭優勢：行銷能力，產業的專業知識，網站前後端機制開發的技術
經營理念：掌握客戶需求，提供最新訊息，最完整的服務。
前景展望：未來將以技術的優勢及經營網站的經驗，朝向ASP及B2B模式的經營。
上市計畫：由於公司業務在大中華市場，因此百羅考慮台灣的第二類股，但由於成立未滿一年，而且還有營收無累計虧損的規定，所以觀望中。另外也考慮香港創業版，但都要等到明年以後。
認股政策：以員工表現為準，每三個月及半年均有評估，享有優惠認股權

人氣指標：
兩個網站流量：每日9萬餘次
兩個網站回流比：一個月內約六成
（參考值：全美最大電子商務龍頭AMAZON顧客回流比在60-70%）。
兩個網站會員數：7萬人
每日平均增加：300名新會員（有特別活動時，會增加至600人）
網友停留時間：百羅網約11分鐘 百羅旅行網15分鐘
（不過百羅網瀏覽人次多於百羅旅行網）
客戶分佈：兩個網站男女比分佈情況類似，均是女多於男男：女約48：52；
客戶年齡層：百羅網：20-35歲 百羅旅遊網25-40歲

網站速寫

百羅網在網站規劃上，其當初將商品服務與類別區隔為旅遊、軟體、DVD、硬體及探索頻道等系列商品，選定上述商品作為切入市場的原因，主要是觀察美國電子商務的發展的現況，在98年美國電子商務市場營業額排名前五大的商品，分別為旅遊、電腦硬體、電腦軟體、服飾及書籍，而百羅網目前已經握有旅遊（股東）、電腦硬體、電腦軟體（訊連科技）等3項商品的供貨資源，故其將仰賴此既有產品優勢搶進B2C領域。

百羅網表示，其將以全台灣最大的旅遊網站為目標，提供全方位的旅遊服務，種類含括國際航班購票訂位、國內航班購票訂位、超值假期旅遊及團體優惠票等服務，並將結合其資料庫與伽利略（Galileo）系統連線，將服務延伸至飯店訂房預約的服務。

而在其他商品方面，目前擁有軟體、硬體及DVD及其他家電與精品等，而在銷售模式上，除了具吸引力的「立即購」外，另亦選定多項產品提供集體議價模式的「集體購」，且為鼓勵第一個下標者，下單者可自行設定購買價格，若未達到其設定的數量規模與價格時，該產品的銷售即宣告流標，這個時候下單者不必擔心價格設定過高的風險。

百羅網在物流與售後服務方面，由於旅遊商品無物流問題，百羅網則透過100%轉投資成立百羅旅行社，以便實際從事旅遊產品買賣，並進行後端的相關服務，其餘實體商品部份則由供貨商自行遞送，並提供售後服務，以解決物流與服務的問題，因此並無存貨與物流設備投資的問題。

網站類型

由於集體議價機制在美國風起雲湧，而國內的競逐者亦相繼投入，包括HogoNet合購網、資迅人的CoolBid、旭聯科技的CityMart、力傳科技的拍賣王及由軟體跨入網際網路經營的訊連科技，於1999年九月亦以BuyLow網站切入，由訊連科技與行家旅行社共同合資成立集體議價與旅遊（包含機票與旅遊商品）為主體的百羅網（Buylow.com），後來由於國內網路旅遊市場逐漸熱絡，因此去年(88)的十一月四日另外將百羅網中旅遊的部份獨立出來另外成立「百羅旅遊網」（www.buylowtravel.com）的品牌，並與二十四家旅行社締盟，朝旅遊交易平台挺進，並期望透過價格的競爭優勢，將市場逐漸由B2C延伸至B2B。

此公司名稱主要來自「BuyLow」，亦隱喻此網站內含百樣商品，包羅萬象而且價格低廉之意。而在分工上，訊連將提供軟體技術及市場行銷，結合行家在旅遊業方面的專業知識，將以極具競爭力的價格，共同拓展線上商機。

根據該公司研究百羅網與百羅旅遊網的差異性上，主要在於百羅網的顧客年齡層較輕，在20-35歲間，原先以PC產品為主打，但結果是家電、精品較受歡迎，Hello Kitty系列等時尚物品也有不錯的成績。目前百羅網的目標在於增加產品的「廣」度，積極拓寬產品線，並且配合季節與流行趨勢做推廣，有些還是市面上不

常見的產品。

百羅旅遊網的顧客則介於20-40歲，該網發現推出的旅遊套裝產品自由行及機票銷售等業務，頗受年輕人及商務人士青睞，而這也是該網主要的兩大族群，除了繼續耕耘這兩大族群外，對於其他類型的網友仍有很大的空間待開發，因此該網目前也在揣摩消費者喜好中。旅遊網的網友以女性居多，不同於百羅網的以男性居多，這也反映女性旅遊人口較多的事實。該旅遊網的目標是增加產品的「深」度，為消費者的需求提供多樣，而完整的旅遊套裝服務，以期能留住消費者駐足與消費為目標。

訪談紀要：

百羅網的主要股東訊連科技，是國內影音軟體第一把交椅。前進網路是訊連2000年重點網路發展策略，身兼訊連及百羅網執行長的張華禎，過去經營訊連的成績有目共睹，這次跨足網路，仍以「第一」為己志，強調「Buy Low，Feel High」，最終目標是「百樣商品，包羅萬象」。

百羅網一開始鎖定純電子商務，開闢旅遊、軟體、硬體、DVD及DISCOVERY專區，主要是借鏡自美國電子商務的現況，依據Forrest Research的調查顯示，98年美國電子商務市場營業額 排名前五大的商品，分別為旅遊、電腦硬體、電腦軟體、服飾及書籍，而由於握有旅遊、DVD、軟體的供貨資源，將仰賴此既有

優勢搶進B2C領域。

在DVD方面，由巨圖科技與協和國際共同提供，共有800項商品；而軟體則鎖定在多媒體與網頁設計領域，已有超過70餘種產品；在硬體方面，則以光華商場的價格為指標，目前的商品項目中，還包括價格較為敏感的CPU、DRAM等，各類商品均有專責人員隨時調整價格，使此網站的商品更具有競爭力。旅遊部分特地請來大鵬旅行社的總經理張仲明來坐鎮，結合另一大股東行家旅行社的資源，很快就打響名號，且另外獨立成百羅旅遊網。

分析百羅旅遊網的成功要素如下：

一、豐富

百羅旅遊網掌握網友喜新厭舊的特性，促銷活動不斷，頁面天天更新，產品多樣化，分為國內旅遊、機票專賣、套裝自由行、團體自由行、出團情報、團體湊票，滿足各式各樣的旅行需求。

二、安全

體認到旅遊商品單價高，不但通過國際Ver Sign. Inc.認證特地選用與AMAZON同級的「128bit SSL資料安全傳輸協定」，隔絕駭客入侵可能。真正讓人見識到旅遊網決心的，在它可容納700萬筆資料的伺服器，關於旅遊的任何訊息如保險、旅遊英語、各國電壓、航空公司等資料索引都有涵蓋。

三、便利

百羅由於有堅強的技術背景，開發出「全球航班線上查詢定位系統」，能依個人需求搜尋最適合的行程，此外也有集體購買機票，限時搶購的設計，充分發揮網路的即時與互動的特性。目前正開發訂房機制自動化及機票訂購全自動化的服務。

百羅網認為網站成功的要素在於不斷推陳出新的內容，以及產業的Know-how，因為有了產業的專門知識，才知道消費者的消費習慣，並能提供豐富翔實的資料，否則再好的網路技術也沒有意義。而且因為完全自家開發，所以在網站維護及更新上，可以即時反應市場情況，非常有效率。以亞馬遜書局為師的百羅網，認為網路上販賣的產品不外是服務及內容，因此除了更完備的線上旅遊資訊，傳統旅行社各式各樣的服務也是要補強的地方。

百羅網以自己經營網站的經驗深深體驗網路即時回饋的特性，以及等比級數成長的速度（每月50%的成長率），以目前每月600萬元的營收來看，可以樂觀地預見今年可以順利達到一億的營收。

網站營收來源

由於該公司擁有兩個網站，若以整個公司來看，主要的收入來源包括三大項，旅遊相關產品銷售收入、百羅各式商品銷售收入以及廣告收入，目前旅遊相關佣金收入約佔全部收入的七成。由於百羅網在去年九月才成立，因此去年的營收仍

相當少，而今年的每月營收均呈現50%的成長趨勢，目前三月約600萬元，若以此來推估，可以預見今年應可以順利達到一億的營收。

前景展望

日前美國網路股股價重挫，百羅網認為對網路業是很好的修正，如此才能良幣驅劣幣，因為網路業和軟體業相仿，第一名才能活得好，第二名勉強，第三名之後就沒希望了。從去年以來網路公司一窩蜂的成立，如今將因為美國網路股股價的重挫而得到冷靜；仔細思考台灣的網路市場現況，市場規模其實相當有限（以國內目前的上網人數與實際人口來看），在美國若能有一百家生存，台灣恐怕只有三家，而現在大家還在摸索，網路業充滿了機會但也有許多問題待克服。在網路業的食物鏈裡面，每一個領域都很有機會，不過每一個環節都只有龍頭才能生存，這也是百羅網要繼續堅持的目標。

百羅網將朝往ASP及B2B方面邁進，倒是非常有信心，也非常看好這個領域的機會。

至於是否進軍海外，百羅網張華禎指出，由於旅遊的地域特殊性高，相對進入障礙也高，因此，要找到適合的夥伴再一同策略聯盟才有可行性，如大中華地區就會以合資與策略聯盟方式進行。除銷售旅遊行程產品之外，百羅網未來還將添加旅遊書店、旅遊用品、旅遊保養品及各地特產等。

掛牌規畫目標

百羅網公司剛成立時約2千2百萬元的資本，但隨著業務的增加與策略性考量，邀請相關法人加入股東陣容，在去年年底增資約一億，增資後資本額為1億2千2百萬元，而目前百羅網的法人股東有訊連科技，行家旅行社，中華開發，台灣工業銀行等。對於掛牌的規畫方面，百羅網目前正與幾家證券商洽談掛牌二類股的計畫，預計於近期辦理公開發行，並確定輔導證券商，正式進入輔導期，預估若行程進行順利，要在今年年底以前掛牌應有希望。

觀察重點

1. 線上訂位服務

在旅遊商品部份，百羅網目前止提供套裝旅遊商品、國際機票訂購與國內機票訂購等服務，在機票價格上提供買貴退差額的優惠服務，也自行開發一項相關配套服務，就是線上訂位服務。B2C類型網站的優勢在於所提供多樣化與獨特性的有形無形產品，這些商品除了具備價格優勢之外，另一項相當重要的就是便利性，也就是提供套裝服務，合乎onestop shopping的觀念，假若消費者在網站上買一樣東西，而買東西其實是一件事，卻必須分為好幾個步驟或階段來完成，事實上已經違背上網消費的原意，以訂機票為例，訂機票目的是搭乘飛機，因此百羅能一併提供訂位服務，其便利性大大提昇，供消費者一個便利、迅速、具效益

的服務，對於顧客的回流與忠誠度有極大的幫助。

2. 多樣化的付款機制

在電子商務成功的關鍵因素中，有兩個最重要的條件，第一個是物流，另外一個就是金流（付款機制），付款機制的安全性與多樣化（付款方式）同樣重要，而其中付款方式又是與消費者最切身的問題。同樣是消費，多樣的付款方式，必定能涵蓋較多的消費者，相對的，發生交易的機會也較大，因此多樣化的付款機制是擴大消費潛力的不二法門。百羅網目前則具備線上刷卡、傳真、劃撥、匯款、ATM轉帳，已經將虛擬的付費機制全部應用，而還未與實體世界結合。台灣有些網站更進一步與實體通路結合，效果如何則有待時間來驗證，以AMAZON為師的百羅網會不會也做改變呢？

3. 售後服務佔重要地位

商品的交易背後含著兩個意義，一個是銷售，另一個是服務，只有銷售，只是純粹的買賣行為，價值的交換，消費者對於銷貨者並無彼此的認同問題，既然無認同問題就表示：同樣是買東西，向甲網站買或乙網站買並無差異，這樣的結果就表示，消費者下一次有消費需求時，卻不一定會再一次光臨同一個網站，假設市場上同類型的網站有十家，若依此現象來看，每一家可能獲得的交易機會是10%，當越來越多的競爭者加入時，每一個網站的銷售成績必定受影響利潤必定降低。這個時候哪一個網站提供的附加價值便是決勝的關鍵，而這個關鍵中，售後服務所發揮的效益最大，也最不容易被取代，也是消費者再次光臨的主要無形原因之一。

4. 整合相關資源

百羅旅行網的優勢便是背後相關產業的股東群，由於擁有旅遊相關行業的股東，因此在專業上具有相當的信賴度，而這些股東所帶來的另一項優點，就是背後的旅遊與機票商機，假若將現有股東的旅遊業務全部導入到網站來，由網站提供一個交易平台，達到經濟效益，建立市場競爭優勢，或許為一項可以嘗試的商業模式(total solution)。

基本資料

網站名稱：易遊網 www.eztravel.com.tw
公司名稱：易遊網股份有限公司 易遊網旅行社股份有限公司
成立時間：2000年一月
主要經營：總經理 游金章 台大醫技 政大企家班
汎達旅行社總經理 春 天旅行社總經理
企畫長 李克敬 淡江化工 東南、汎達、雄師、春天企畫經理
財務長 林淑美 中原會計 神通、圓剛科技財務協理
資訊長 吳儷芳 台大圖館系 日亞航、國泰航空、
春天旅遊總經理特助
網站總監 陳明明 交大電信 中山大學企研所
南方通訊系統工程師
資訊主任 湯聰智 交大電信 東華資工所 宏達國際程式設計師
資本額度：登記資本額1.6億，實收五千萬（預計五月份增資到8000萬，七月份達，明年一月可達到1.6億。）
法人股東：旭聯科技、元定科技、精英公關及50家旅遊同業
員工人數：45人
競爭優勢：策略聯盟、速度、產業知識
經營理念：

1. 對旅遊業的熱情
2. 最豐富的旅遊產品
3. 最低價的旅遊產品
4. 最具創意的電子商務
5. 最便利的旅遊網站
6. 最可信賴的旅遊網站
7. 虛實並進

前景展望：台灣最大旅遊網站
營收狀況：2000年四月份營收為1054萬。
員工認股：經營團隊有35%持股，增資後保留15%予員工認購。
上市上櫃：預計2002年在國內上櫃。

人氣指標：
網站流量：每天8000到10000人
會員人數：3萬九千名以上
客戶分佈：都會區白領階級

網站速寫

EzTravel易遊網主打的商品策略是，以個人旅遊為主，團體旅遊為輔，並且EzTravel採取的是國內旅遊產品為先的策略，該公司總經理表示，目前國內旅遊的市場規模一年有8,000萬人，國外部份一年只有600萬人，因此希望藉由國內旅遊產品創造流量，並進一步建立網路社群，作為顧客基礎後，再發展國際線產品。

而EzTravel易遊網所提供多選項、個人化、自主性的旅遊商品，包括國內外機票、訂房、套裝自由行、航空公司自由行、團體自由行、郵輪假期、歐洲國鐵券等。

另外在國內首創「自行出價票」與「計劃旅行票」促銷方式，EzTravel旅遊網運用網路上即時互動和資訊傳遞的特性，結合社群集體議價的功能，在國內線推出【說出心動價、自行出價票】，由網友自行在網站上出價，旅遊行程與價位開放由網友主導，經由EzTravel易遊網與航空公司協調，填補其淡季空間，讓消費者順利成行，達到雙贏效果，就如同充當消費者的旅遊經紀人，協助尋求便宜合適的旅遊商品。另外EzTravel易遊網為滿足消費者個人化、自主性的旅遊需求，提出「計劃旅行票」概念，也不同於其他旅遊業者的湊團票模式，消費者必須配合期限，無法自由決定、靈活應用，也不保證一定成行，「計劃旅行票」不但保證成行，並可享受比湊團票更優惠的價格。

EzTravel易遊網網站上提供的主要服務分為旅遊商品區（包括：計畫旅行票、

自行出價票、快速機票訂購及訂位、訂房資訊及線上訂房、機票加酒店自由行、出團情報、遊輪假期、簽證服務、票券代售、旅遊用品區）、旅遊資訊區（包括：旅遊新聞、旅遊導覽、國內班機時刻表、國內火車時刻表）、網友天地（包括：討論區、線上座談會、旅者心得筆記、聊天室）、客服專區（包括：消費記錄查詢、常見問題集）等。

其中在快速機票訂購與訂位服務方面，提供國內外機票訂購與訂位服務，只要輸入出發地、目的地、出發日期時間等資訊，便能搜尋出相關的機票資訊。**EzTravel**旅遊網售出的機票，全部贈送1000萬飛安險，線上刷卡購票不加收任何手續費。

網站型態

國內旅遊網站的相繼成立，目前將近600家，競爭激烈的狀況可想而知，各網站為了要贏得流量，以及消費者的青睞，各網站之間除了在價格上競爭外，包括行程或內容資訊上都想盡辦法互爭長短，以作區隔。其中價格因素雖備受消費者關注，但一般認為，價格戰只是短期手段，就長期來看，大部份的線上旅遊業者都已在苦思如何轉型，希望能經營模式上有價值差的區別，並有出類拔萃的表現。而這些網站中銷售的商品以機票、旅遊商品以及相關配套服務為主，其中有銷售機票的更在200家之譜。

今年3 月剛成立的EzTravel旅遊網，首先以結合虛擬網路與實體店面雙向服務的策略，成為第一家擁有實體店面的旅遊網站，解決網上交易有關付款安全的問題，引導消費者網路購買習慣，並建立其信心。在實體部份，易遊網目前轉投資成立的易遊網旅行社，主要負責旅遊商品的販售，並且由一月成立到現在已經開了四家實體的店面，包括松山機場附近的EzTravel旗艦店、敦北店與民權店，忠孝東路與敦化南路口設有忠孝店，華納威秀信義店也將陸續開張，並計劃近期內開展三十家以上的e-shop，成為消費者最親近的旅遊服務店：消費者於網路上訂購後，可選擇郵寄送件或至各門市取件，這也是與一般網路上的旅遊網站最主要的不同點。

易遊網總經理游金章表示，建立實體的店鋪，不僅可以增加消費者對品牌的知名度以及偏好度，在物流的實際取貨，以及交易安全上都可以建立消費者的信心。由於電子商務的發展，可降低交易過程中物流、金流、資訊流的成本，因此增加了個人旅遊的便利性與多樣化，間接也帶動需求的成長；以往旅遊市場都以團體旅遊為大宗，而現在隨著網路的發展，個人旅遊很有可能逐漸取代團體旅遊，成為旅遊市場的消費趨勢。

訪談紀要

易遊網的總經理游金章在旅遊業是個令同業注目的人物，退伍後投身旅遊業20年，由於看清團體旅遊業務進入門檻低，往往流入殺價競爭的數字遊戲，於是創辦「汎達」旅行社，率先向大眾推出「短天數歐洲旅遊」、「分齡旅遊」、「主題旅遊」等業務，汎達很快就打響名號。可惜後來獨資成立的汎達，資金操作不順

而失敗了。

沒多久，有著雄厚財力支持的「春天旅遊」在游金章手中誕生，這次看準個人旅遊的消費趨勢，推出個人旅遊相關產品，即所謂「FIT」行程，發揮聚沙成塔功效，以「規模產能」創造利潤。成立四年的春天旅行社，由於「旅遊資源通路商」的定位成功，達到「低價、便利、服務」的境界，春天再次成為旅遊業耀眼明星。

然而感受到網路威力的游金章，意識到「網路是旅遊通路的取代品」，認為「參與者得勝，迴避者消失」，且不管是國內資策會或國外Forrester研究均指出，線上旅遊是成長最快的市場，於是毅然拋開幾百萬的收入與一手創辦的心血，再度創業，三月底開站的「易遊網」，四月份就有一千萬的營收，預估五月份可達到1700萬，六月份起可達3300萬，接下來的暑假旺季預料將更可觀。

易遊網的穩紮穩打，循序漸進可由其佈局觀察：由於鎖定在都會區的白領階級消費者，網站有八成為FIT產品（即機票、訂房、和自己搭配的機+酒行程），兩成為團體旅遊。開站初期業務有七成是機票銷售，三成是線上訂房業務。並且延續高差異化的旅遊行程企畫案，如針對國家地理雜誌評選的「人生非去不可的50個行程」，推出限量行程。

易遊網登記註冊為「旅行社」及「科技公司」兩部分，初期以「旅行社」銷售旅遊產品為主，然後將以「科技公司」來銷售旅遊周邊用品。且一開始就在台北精華區設立四家實體E-shop，消除大眾對虛擬交易的不安全感，所謂「虛擬交易，實體服務」。因此在易遊網目前45名人力中，客服人員就佔了20位，此外有10名技術人員、10名產品經理，五名財務、管理人員。

易遊網的營收結構將依序為：1.旅行社業務（如機票、訂房、租車、遊輪等）；2.旅遊同業的ASP業務；3.旅遊用品（裝備、衣物、出版品等）；4.廣告收入。

營收模式及概況

EzTravel易遊網目前主要的營收來源以機票銷售、旅遊商品銷售及廣告收入為主，目前仍以機票銷售為主要來源，在今年三月底開站的EzTravel易遊網，目前單日的營收已經超過40萬元，四月份營收便已超過1000萬的營收，該公司預估五月份可達到1700萬，六月份起可達3300萬，接下來的暑假旺季預料將更可觀，若以目前的資本額8000萬來看，今年或許有機會達成損益平衡的目標。

前景展望

EzTravel在未來網站走向，鎖定兩個方向分別敘述如下：

1. 鎖定個人化旅遊

現在國內的傳統旅行社都是以團體旅遊為主，而EzTravel的做法則是以個人化旅遊產品為主。該公司表示，以往春天旅遊剛開始時，也與其他旅行社相同以經營團體旅遊為主，不過是以高差異性團體為主的主題性的旅遊，之後才逐漸改以

經營個人旅遊。由於國內業者經營團體的同質性高，且團體客人也多被行程約束，因此重新思考消費需求，希望利用網路，大幅降低資訊流成本，將個人旅遊所需的產品內容、行程點選、報價、定位由客戶端完成，達到最大的效益。

而EzTravel在產品的推廣策略部份，易遊網計畫以國內旅遊產品為優先，國際旅遊商品為後，該公司表示，目前國內旅遊的市場規模一年有8,000萬人，國外部份一年只有600萬人，因此希望藉由國內旅遊產品創造流量，並進一步建立網路設群，作為顧客基礎後，再發展國際線產品。

另外在結盟方面，易遊網在兩年內將完成八個結盟階段，分別為策略創始人、旅遊產業加上科技產業，對象則分為競爭者及供應商、中、港公司、國際相關旅遊網站、國際知名網路公司、投資銀行、創投、大衆等。

2. 虛擬交易配合實體服務

易遊網一開始切入網路旅行社的方式就結合虛擬與實體，目前轉投資成立易遊網旅行社，主要就是來負責旅遊商品的販售及售後服務部份，並且由一月成立到現在已經開了四家實體的店面，今年底前更預估要擴張到30家實體商店，這與一般線上的旅遊業者十分不同。該公司表示，建立實體的店鋪的目的，不僅可以增加消費者對品牌的知名度以及偏好度，在物流的實際取貨，以及交易安全上都可以建立消費者的信心。

另外易遊網又購併一家票務旅行社，並且以優惠的價格招納了50家旅行社入股。未來將陸續投資或購併在主題旅遊、國民旅遊、商務旅遊等領域經營有成的公司，以及與入口社群、內容網站合作。易遊網在面對國內旅遊網站陸續出籠，各家網站來勢洶洶的激烈競爭之下，易遊網倒是表現得信心滿滿，並堅守「虛實並進」、「規模」與「質感」的理念，易遊網認為必能通過市場的檢驗。

掛牌計畫

EzTravel易遊網登記資本額1.6億，實收5000萬，該公司預計五月份增資到8000萬，七月份達到一億，明年一月可達到1.6億。目前該網站每天流量8000到10000人左右，會員人數將近4萬。

該網站的經營團隊幾乎都是由春天旅遊而來，經營團隊股東有35%持股，增資後保留15%予員工認購，除EzTravel團隊之外，在法人股東方面，包括旭聯科技、元定科技、精英公關及50家旅遊同業等法人股東。該公司預計在2002年在國內上櫃，目前股票並未在外流通。

觀察重點

1. 虛擬結合實體

易遊網最大的不同就是在於，一開始設立便是同步進行實體店鋪與虛擬商店的架設，同時解決了物流與服務的問題。易遊網在各大重要路口設立實體店面，讓消費者可以現場取貨的方式，獲取商品，消除網上消費的付款疑慮，以及加強客戶服務，尤其是在機場附近設立服務點（因為大家都必須到機場搭飛機），確實是做到便利、快速的服務要求。這種以消費者習慣、便利性為思考的策略，的確是

一種容易奏效的市場利基，當獲得消費者信任之後，易遊網必定能夠逐漸減少實體店面的投資（甚至縮減），並逐步發揮網路的低成本優勢，回饋給消費者，達到網站與消費者雙贏局面。

2. 商品定位清楚

易遊網在商品的選擇，比較過國內旅遊市場與國外旅遊市場後，目前主打國內旅遊產品。雖然國內的旅遊網站不下三百家，而旅遊商品更是多如牛毛，若要發展各種旅遊產品，會容易產生失焦的現象，消費者無法有鮮明的印象，到何處去尋找所需要的旅遊商品，尤其在競爭激烈的市場，易遊網專注於發展單一產品所產生的效果，會高於同時發展多種商品的效果來得大。不過有趣的是：目前消費者購買國內及國際機票的人數，是差不多的，營業額則是國際線佔將近九成，可見國際旅遊市場的潛力。

3. 上游業者加入市場之後?

其實旅行通路最大的潛在敵人，就是他們機票來源的上游航空公司，假若航空公司加入這個機票販售市場，第一個受害的就是現有的旅行社（尤其是網路旅行社），如現在的華航電子機票的方式，其必須經由電話預約的方式，然後在機場現場開票劃位，另外航空公司若將訂位系統與網路定位機制開放後，這個機票票務市場將真正進入航空公司主導的局面，此時旅行社真正能提供的可能只剩旅遊商品部份，因此不久的將來，另一項值得網路旅行社思考的問題，就是產品的多元化與差異化以及異業結合生存課題。

基本資料

網站名稱：摩比家 www.mobihome.com.tw
公司名稱：摩比家股份有限公司
成立時間：1999年5月
主要經營：董事長兼總經理 項紹良 美國威斯康辛大學管理碩士
德州州立大學電腦碩士
資本額： 台幣一千四百萬起家 目前已增資到五千五百萬
預計四月底可增資到登記資本額八千八百萬
2000年底增資到一億兩千萬
法人股東：目前沒有
員工人數：38人
目　標：華人最大通訊設備資訊網站
業務內容：透過網路銷售行動電話(門號)呼叫器(門號)及相關零組件
營收狀況：2000年起每月均突破台幣900萬
上市計畫：希望在明年六月前掛牌第二類股
經營理念：專業的通訊設備資訊網站

人氣指標：
流　量：每日3萬人左右
回流比：一星期內重覆到訪率約3成5
會員數：已累計6萬人
電子報訂閱數：八萬多份
客戶分佈：臺灣訪客佔七成
平均停留時間：10分鐘

網站速寫

摩比家網站目前提供交易功能有三種，分別是大賣場、競標場與跳蚤市場，另外也提供消費情報通訊。大賣場部份主要提供手機、門號、PDA以及相關手機配件與電子辭典等新品的銷售，銷售利基是低於市價一到兩成的價格，另外競標場部份，摩比家提供相關商品，包括手機、特殊門號、獨特手機配件等商品，吸引會員加入競標，參加競標者得標後必須履行購買的義務，而取貨，與付款的方式，與新購手機方式相同；至於跳蚤市場部份，摩比家則提供網友以張貼佈告的方式，讓想出售二手貨的網友自由張貼公告，並附上該網友的電子信箱，採取被動銷售的方式，由有意願購買的網友自行與賣方聯絡，摩比家並不介入交易過程中，包括物流、金流與品質部份。

目前摩比家會員數 6.5萬人，電子報訂戶約為9萬人，每個月總營業額約在1000萬元左右，且有85%比例都是經由網路下單，顯示客戶對摩比家的線上交易信賴程度很高。摩比家目前也加緊整理會員資料並做分類，剔除不完整的資料，一方面建立正確完整的會員資料庫，另一方面，也可以提供作為其他公司所需的行銷資訊，協助發送精確訊息給目標客戶。

網站類型

在目前大部份的電子商務網站中，較具成效的類型就屬B2C，而這種類型的網

站中又以販賣3C產品居多，其中最為熱門的商品則是通訊類商品為最大宗。目前網路上的通訊購物商店不下百餘家，大概分為專業經營（單一產品項）和綜合經營兩類，而摩比家將自己的定位為專門提供手機與相關產品買賣的商務網站，形成專業商品的市集目的，就是希望利用聚集對該類商品有興趣及購買力的人潮後，再將這些人潮轉換成錢潮。而摩比家希望不只是做銷售商品為主的網路商家，同時也是銷售資訊的網路商家，不論是資訊或商品，加入摩比家，摩比家將一次提供給網友，建立起網友的直覺觀念，就是〝想買手機到摩比家就可以得到完整的服務〞。

摩比家以網路作為唯一的行銷通路，提供各種個人行動通訊產品，目前網路上包括各式品牌的手機、門號、配件、呼叫器及股票金融機等，並提供各種產品資訊、特惠活動、問題查詢等，網站同時也提供產品維修保證及服務，如同一般的通訊零售業者；另外在商品的價格方面，由於經營網路商店可以免去房租等成本，因此在商品定價方面也比一般通訊零售店便宜一到兩成為其特色。

在付費及取貨方面，「摩比家」提供多種方式讓消費者選擇，消費者可選擇自行至提貨中心取貨、當場付款，或是以銀行轉帳、郵政劃撥或是線上刷卡付款，目前摩比家在全省設有四個提貨中心，以方便消費者現場提領商品，支付貨款。

摩比家藉由網路從事零售事業，可以藉網路的即時性、互動性，降低資訊及通路的成本，節省的成本並立即反應在商品的價格上，也能從網友立即的反應改變售價或推出促銷活動。而摩比家當初會選擇以通訊產品為銷售標的，是因為其規格標準化的特性，如同書、音樂CD一樣，適合在網路上銷售。

目前摩比家銷售的通訊商品以新品為主，未來計畫將會推出二手貨舊品的交易（交換）市集，摩比家觀察未來手機市場，以現今擁有手機人數已超過1000餘萬人現況，在手機市場趨近飽和的狀況下，手機換機的市場將比新機銷售商機更驚人，在這種趨勢下，必需將老舊機型淘汰，新機市場才能有生存空間。然而目前現有手機交換市場不是個人買賣就是價格混亂不實，對於換機的消費者而言，沒有相關的市場習慣可依據，消費者權益毫無保障，因此摩比家今年年初建立了一套【舊機換新機】的遊戲規則讓消費著能安心買賣，摩比家以這個活動號召想換手機的網友加入摩比家，將舊手機以合理價格折抵新機購置費用，對於消費者最關心的舊機折抵價格，摩比家公司表示，每種機型摩比家均參考消費著需求及市場接受程度定出不同價格，希望能在紊亂的二手手機市場制定出一套市場標準。例如消費者已經在摩比家買入新手機，除了取得折價之外，也可以將不用的舊機與摩比家抵換等值的相關配件如電池、充電器及皮套等。

摩比家網站在介入經營個人行動通訊產品後，自99年5月成立至今短短不到一年，每月營業額已經達到1000萬元，顯示出網路購物的發展實力不可小覷。在摩比家分析內部網友的消費習性後，發現訪客的複訪頻度（間隔時間）平均約在五至七天左右，其中30%左右為經常來訪，另外摩比家發現利用網站上提供的電子

報的訂閱，並且透過電子報發布銷關商品最新商訊消息，由此可以讓次日來訪者增加30%以上，利用這種方式刺激網友的回流與消費。

除了利用電子報增加網友回流外，摩比家另外使用一套自動及人工輔助回覆系統，讓消費者抱怨可以於最短時間內處理，加強售後服務。由於一般大衆，不習慣線上購物，是因為擔心信用卡盜刷或是商品出現瑕疵不易更換等問題，因此摩比家除了提供送貨服務外，另外還設有提貨中心，讓網友可以自行選擇取貨方式。這樣的提貨服務，讓害怕線上交易的網友，可以看到貨品後再付款，再搭配上網路訂單自動查詢系統及售後滿意市場調查，無形增加客戶回流的意願，也為未來開拓無限商機。

訪談紀要：

摩比家起初是由蕭世貴創辦，在台灣NEC工作十多年的他，申請留職停薪到政大念MBA，而引發創業的念頭。他眼見國內方興未艾的大哥大熱潮，便憑他在通訊業的多年經驗，向朋友募集1400萬的資金，就這樣開始「摩比家」的經營。

由於選對市場及時點，第一個月就賣出一百多隻手機，開張半年後，每月營收皆輕鬆突破七百萬，2000年一月份甚至突破千萬元。摩比家的免費電子報刊載網友使用心得、手機評比、折扣優惠等訊息，相當受到歡迎，也因此吸引廣告商進駐。

摩比家的組織結構極小而美，為消除消費者對網路購物的疑慮，甚至在台中、高雄設提貨點，目前共有四個提貨點的摩比家，就用了公司才38位員工中的10位，希望能早日培養消費者對線上購物的信心，撤除提貨點的人力配置，達到完全虛擬化的境界，以節省人事成本。

目前的新經營團隊由董事長兼總經理的項紹良主持，曾主持國科會全國性資訊網路的規劃，也有豐富業界經驗。提到摩比家的迅速成長原因在於：1.產品具吸引力，2.客戶服務佳，3.付款機制完備，4.讓網友信賴的品牌。摩比家一直很清楚自己的焦點在通訊產品，而且一開始就請來優秀的財務長控管資金，主要經營者都屬務實派的作風，沒有異想天開的天真想法。而且在摩比家，沒有所謂乾股，因此大家都戰戰兢兢，不敢隨便燒錢，增資都是一次一點，不敢一下大幅擴張，極具危機意識。

由於摩比家以通路專業切入電子商務，曾有一些定價系統功能不完全的問題發生，因此摩比家當下的經營重心在於完善的電子商務機制及網路行銷能力，而不是衝營業額，摩比家表示，唯有電子商務的人潮、金流、物流能運作順暢，摩比家的產品線才能增加。摩比家下一個經營重點在PDA（個人數位助理），因為唯有專業性產品才有提供服務的空間，而優秀技術背景的人才，可以減少使用者的疑惑。

目前摩比家營收仍以廣告成長最快，以手機廠商前來問津的最多。摩比家認

為：與實體世界平均約二、三年才能回本的經驗值，電子商務估計要等到三年。而現在百家爭鳴的情況，大概再一年或一年半的時間，相信就能大勢底定，在此之前，摩比家只能勇往直前。

網站營收來源與概況

摩比家從1999年5月成立時單月交易金額為87萬，到去年12月時，單月交易金額擴大為726萬，累積交易金額為3,653萬，平均每筆成交金額為8,000多元，今年二月份的營業額更突破1000萬元，依此預估今年達到損益平衡的目的應不難。而摩比家銷售的商品以通訊相關的商品為主，因此主要的收入來源，則是以手機銷售、競標和跳蚤市場為主，而網頁代管、廣告服務和維修服務等則是其他收入的來源。

前景展望

摩比家目前除了增設客服中心，以及成立維修中心之外，另外計畫在國內外增加提貨點，如將在香港成立銷售服務據點。在2000年年初並宣布，為「摩比家網站」完成建置第一套CTI Call Center系統，強化摩比家的客戶服務品質，並在未來計劃以主動去電促銷方式開拓業務，摩比家預估2000年網站的營業額可望比去年大幅成長10倍。

另外在網站銷售的產品部份，摩比家將商品線從原有的手機與相關商品，擴大到衛星電話、PDA、以及國內電信及國際電信服務等個人通訊服務所使用的商品線。而其具體計畫就是，將在今年九月架設第二個網站，主要販售產品為目前當紅的 PDA，計畫將Mobihome擴大為Mobifamily家族式網站經營模式，朝向多網頁公司發展，利用現有的前台採購系統及後台會員及物流基礎，加強產品專業知識，提供專業服務。

摩比家計畫在未來一年內，將摩比家網站轉變為有趣的採購網站或社群聚集地，除了提供高單價專業產品外，也會提供電子卡片或其他趣味資訊，以增加網友上網的樂趣吸引網友停留消費。六月將推出的「摩比大排檔」是摩比家嘗試B2B的開始，成績如何則要待時間觀察。

掛牌規畫

摩比家的登記資本額為8,000多萬，今年一月初時溢價增資每股10餘元，實收資本額5,500萬，主要是用來增建客服中心設備，以即成立維修中心，並預計在今年中在香港成立據點。由於摩比家的地區發展路徑是由台灣經香港、新加坡、日本，而到中國，因此摩比家希望新增資金的提供者，能協助摩比家加強市場行銷能力，或是協助摩比家在台灣、日本、香港等地區的上市、上櫃能力。

摩比家由原先 1400萬元資本額，經過 2次增資，目前資本額為5500萬元(以每

股溢價26元募集），近期更將增資到8800萬元，預定在年底前規模擴充到1億2000萬元。摩比家認為之所以分階段小額增資，著眼點是自我檢查營運狀況，嚴密監控財務，而不是像某些網路公司瘋狂地一味「燒錢」。

現階段摩比家不考慮與創投合作，而是希望找有產品、內容、科技及形象好的營運公司合作，目前也與輔導券商積極進行簽約當中，順利的話，希望在明年6月以前先掛二類股，目前在未上市並無股票外流。

觀察重點

1. 售後服務為關鍵

當電子商務模式持續發展到穩定的階段時，這個時期除了繼續開發新市場與商品之外，另一個企業所會面對的問題就是客戶服務，而客戶服務則分為即時服務與售後服務兩種，而售後服務對於客戶忠誠度的影響又最大，也是擴展客層最佳的利器之一，尤其對於網路公司而言，售後服務的執行難度高於實體公司或商店，也就是難度較高，因此有關電子商務發展的模式成功與否，最後將決定在服務（客戶服務）的部份，當然包括人的服務（疑問、資訊）與物的服務（維修、補、退、換）。

2. 導入相關法人股東

在一般企業的成長過程中，創投與法人佔了相當重要的地位，尤其是這些法人股東所帶來的有關資金、管理、財務、行銷及國際化上的助力，在公司未來的發展上具有加乘的作用，尤其是公司進入擴張期時，更需要藉由創投或法人股東的人脈與關係，引入體質優良的合作伙伴或策略公司，而對於沒有財團支援的公司更加重要。

3. 提供多元化付款機制

在電子商務的交易流程中，付款的機制的多元化可以增加交易成功的機會，而摩比家在這方面則提供了包括SET與SSL線上刷卡、郵局劃撥、銀行轉帳以及貨到取款與現場取貨付款等多種機制，幾乎含括了目前可行的大部份付款方式，確實給予消費者貼心的感覺，而這樣的結果也反映在逐步上昇的業績上，似乎也看見電子商務成功要素的三道曙光（金流、物流、訊流）中的一道。

基本資料

網站名稱：安瑟數位www.answer.net.tw
公司名稱：安瑟數位科技股份有限公司
成立時間：1998年十月
主要經營：總經理 林志隆 交通大學應用數學系 第三波文化研展部工程師
宏碁科技軟體周邊事業處軟體產品部經理 展碁國際通訊事業部經理
業務部經理 許祐豪 美國奧克拉荷馬州立大學MBA
中山醫學院營養學系 伸全資訊公司 國外部業務經理
行銷部總監 邱志宏 東吳大學企管系
加拿大皇家銀行票據交換員 展碁國際股份有限公司產品經理
電子商務部總監 竇立德 文化大學中文系網
電腦應用雜誌(PC Computing)主編
首席顧問 林紹琪 宏電副總 政大企管系 台大EMBA
朱偉忠 新絲路科技總經理 政大心理系
美國南加州大學工業及系統研究所

資本額度：以200萬起家，目前有一億元資本額及資本公積9000萬元
法人股東：台灣工業銀行 友立資訊 友笙資訊 思源科技 新絲路科技
員工人數：40餘人
競爭優勢：
第一：豐富的資訊服務（最新最快的訊息，產品與報導交互查詢）。
第二：通訊技術背景與行銷的KnowHow，可以協助消費者解決各種疑難雜症。
第三：運用網路避開傳統通路的剝削。讓消費者以更低的價格得到豐富的資訊與資料、更快的流行趨勢。
目　　標：國內最大最好的行動電話入口網站
經營理念：結合社群與電子商務，產品與報導交互查詢
業務內容：3C產品服務為主（Computer資訊、Communication通訊、Consumer消費性電子商品），目前以手機為主力產品。
營收狀況：2000年起每月皆突破一千萬，且穩定成長中。
員工認股：經營團隊有42%持股，增資後保留10%予員工認購。
上市上櫃：今年六月公開發行 預計2002年在國內上櫃。

人氣指標：
每天流量：3萬人次
會員人數：7萬名
電子報會員：3萬人
回流比：未做統計，但會員多是親友口耳相傳而來。
客戶分佈：以大台北居多，且多是年輕上班族，男性與女性的比例是七比三。

網站速寫

一進入首頁，映入眼中的是最受網友歡迎的限量抽獎超低價熱門商品，還有最熱門的手機商品。安瑟還提供了詳盡的通訊報導。總計分成八大類的內容，包括了通訊新聞、應用密技、問題Q&A、測試比較、心得分享、企劃專題、市場分析和廠商訊息，將帶給您新鮮豐富的資訊。安瑟保留了成立以來的每一篇報導，並且提供了全文檢索的功能，自由取閱，不用擔心找不到舊型手機的資料。

提供手機及配件即時行情報價，迅速了解通訊市場動態，並可立即線上下單購買。安瑟還提供了進階查詢的功能，指定價格的上下限進行查詢，安瑟會自動列出合乎您預算的產品，並且按照價格排序列出，讓網友能比較手機、配件價格。產品線涵蓋：電池、充電器、手機皮套、免持聽筒配件、線上銷售羅技無線鍵盤、滑鼠產品辦理各行動電話系統門號銷售、預付卡及補充卡，並提供直接選號的服務。還有延伸多款熱門的PDA〈個人數位助理器〉、3COM Palm、傳訊王、神乎奇機、掌中寶、還有哈電族電子字典。

網站經營型態

國內行動電話市場自1997年底開放以來，雖然初期不論硬體、服務價格均不夠平民化，而致業務推展有點緩慢。然而1998年中，各系統業者為擴大市場佔有率，花大筆預算，以每支手機補貼消費者三千至五千元來刺激手機購買率，到了

1998年底預付卡出現，促銷手法更激烈，系統業者補貼搭售比例高達六成，通路商可說沒有主導權也無利潤。

99年底，改以高佣金、庫存獎金、廣告補助等方式，鼓勵通路商推動手機與門號搭售，通路商的營收才大幅提昇，估計約有20%的成長率。這個業界估計去年約400億元，估計今年有600億元通訊市場，吸引了聯強、震旦、東訊、全虹、神腦五大集團，開了全省近4000家門市。此外還有台灣通訊、台灣電店、施樂事達新一波尖兵在後。

消費者到一般通訊門市最少需要花上三千至四千元以上申辦門號，但在網路上購買，不但可以查詢門號，價錢也有彈性

而網路上的安瑟、摩比家、橘子速銷、超級物語等在網路上紛紛傳出捷報，其中安瑟的電子報頗受歡迎，因為除了促銷訊息，它有網友分享的使用心得、手機密技、門號收訊狀況等實用資訊，提高會員忠程度，也成功地轉為業績，更是經營社群的成功之本，這是安瑟遠較其他同質網站有優勢的地方。安瑟非常了解台灣消費型態，因此在物流上力求兩個工作天送貨到家；行銷活動上每天有抽獎特賣，維持網站的熱絡；金流上則準備有多種方式，完全以消費者方便與習性為考量。這都是因為安瑟總經理早就了解手機熱賣是亞洲特殊現象，因此經營網站的思考上，擺脫國外網站的模式，雖然暫時不考慮通訊產品以外的商機，在經營手法上，安瑟倒是發揮彈性靈活的特質。

訪談紀要

安瑟總經理林志隆在宏碁集團有10年以上的資歷，歷任軟體、通訊的領域，對於行銷有獨到的心得。當初已屆不惑之年的他，看好網路的潛力，與朋友討論評估後，98年決定切線上購買手機的市場，湊了200萬資金便開始安瑟網的經營。由於資金不多，並沒有多做宣傳，加上當時消費者對網路購物的不熟悉，對物流、金流的疑慮不勝枚舉，因此98年只有30萬的營業額。

直到99年五月，台灣大哥大釋出大量免費門號，安瑟適時推出門號線上選的服務，當月開始營業額大幅提昇，99年營業額達4375萬元，至今一直穩定成長，今年以來每月都有一千萬的營業額，預期今年底可以達到3億元營業額。

安瑟的目標在於成為專業的通訊產品入口網站，因此它網羅各類手機的產品訊息、使用心得，並有專門的線上記者，發布新消息。安瑟每週兩次的電子報，除了促銷訊息，更多的是網友使用心得，非常實用。安瑟想結合社群與電子商務，因為社群可以提供第一手的產品使用心得，像最近的【收訊資料庫】，以累計將近4萬筆資料供會員查詢各地收訊狀況，作為選擇門號的參考。

在電子商務部分，安瑟也與發現者國際合作開發，追蹤消費者瀏覽紀錄的軟體，以達到一對一行銷的目標。也就是說，安瑟網站在網友每次瀏覽的過程中，會紀錄網友感興趣的單元或項目，將來會有一份完全針對網友消費喜好的專屬首頁，這是參考美國亞馬遜書店的靈感，不過因為有專利問題，所以安瑟與發現者

國際合作，降低成本。當然安瑟也注意到交易安全問題，與資迅人、百娛網、Hipc流通網加入太穎律師事務所的安全交易標章制度，並順利通過標準。

由於目前只有一成的人願意以信用卡線上購物，因此安瑟提供多元的付款方式，共有七種購買方式（線上直接刷卡、信用卡訂購單、貨到收款、郵政劃撥、銀行轉帳、大量訂貨專人送貨、親自至本公司購買）。在新辦公室的設計中，就有門市的服務在內。因為只賣原廠貨，所以安瑟沒有維修中心的人力配置，目前只有一家台中的分公司。

安瑟分析自己的優勢在於

1. 獲利能力佳：由於手機的利潤並不高，安瑟在利潤較好的門號、手機配件部分有很好的銷售成績，對企業體質有較好的效果。

2. 成功的策略聯盟：由於善於找互相搭配的合作夥伴，對降低營運成本有極大的幫助。

3. 對市場的反應快：安瑟領先傳統通路反應市場行情，又推出許多活動，網頁時常更新，吸引消費者前來。

4. First Mover 的地位：早期進入市場，雖未大作宣傳，卻憑紮實的網站內容，享有一定知名度。

5. 經濟規模夠大：由於銷售成績可觀，享有大量進貨的成本優勢，資金也足以運用。

面對未來，安瑟也想朝多元化發展，例如產品線的擴充，不過因為亞馬遜書局兩極化的評價，因此一向穩健保守的安瑟，將會仔細評估可能的產品。為創造營收新高，安瑟現在也增加廣告預算，此外也將嘗試企業採購的領域。

而最近的記者會中宣佈與友立、思源策略聯盟，就是為下半年進軍大陸市場。安瑟認為大陸目前有四千萬手機人口，每年還有三千萬人次的增加，非常吸引人。若順利的話，下半年預期可有十五億營收，台灣地區就應該有三億的收入，後年應可開始真正獲利。

營收模式及概況

手機市場中，一向以門號及配件的利潤最高，以安瑟曾經公開的1999年十月營收報告來看，750萬營收中，210萬的營業額是由1042個門號的銷售而來，高利潤的營收結構是安瑟非常自豪的成績。總體說來，目前安瑟的營收狀況，以純電子商務收入為主，幾乎沒有廣告的收入。其中手機銷售佔六成，門號銷售有兩成，配件有一成，PDA及羅技鍵盤等銷售也佔一成左右，今年以來每月穩定獲利超過1000萬，五月更是可望創2000萬新高。

前景展望

多數手機通路商在2000年均看好換機的市場，及一年約30億的手機配件市

場，至於一年3億至5億的維修市場，則與是換機市場相通的商機，安瑟也將往這些方向著手；至於經營版圖將持續擴張至中南部及大陸地區。

因此安瑟除了目前在台中的分公司外，也將在高雄設據點，並加強維修的服務，朝向真正的行動電話代理商邁進，與實體世界的震旦行、神腦並駕齊驅，安瑟的企圖心與靈活彈性展露無遺。

安瑟在2000年五月的增資中，宣佈台灣工業銀行、友立資訊、友笙資訊、思源科技、新絲路科技等法人股東的加入，對於進軍大陸市場及B2B企業採購行動電話的業務拓展有相當大的幫助。

掛牌計畫

自1998年安瑟開站以來，第一年只有30萬營業額；第二年由於首創線上選號、申辦門號，開始打響知名度，並首度獲利。9月發行電子報以來，將銷售與專業報導結合，也順利從純電子商務轉型為ICP(內容網站)，營收隨電子報人數成長有正相關的發展，1999年營業額達到4375萬，非常可觀。

今年以來每月皆有一千萬業績，尤其安瑟的「幸運五月」，單月營收可望突破2000萬，因此應不難達成2000年達成3億營收的預定目標，面對大陸急速成長的市場，安瑟也大膽喊出明年突破15億營收的目標值。

安瑟已與元大證券簽約輔導，預定六月公開發行，明年初希望能順利掛上二類股，或者2002年初上科技類股，也不排除在香港或美國上市。以安瑟的獲利情況及營收結構，雖然負責人保守估計要到明後年才能真正獲利，但明年順利掛牌的希望很大，非常值得留意。

觀察重點

1. 維修保養服務

目前一般說來手機淘汰率已達3-5成，生命週期只剩一季，年輕消費者雖求新求變，然而對於維修的需求仍在。安瑟目前因為只販售原廠手機，所以沒有維修中心的設置，這會造成較謹慎的消費者卻步不前，一般人仍習慣向誰購買就請誰維修，尤其手機被認為是高單價且構造精密的產品，就像家電的市場，手機的販售商應負起維修之責，且擔心原廠門市不能盡心服務，尤其對不熟悉手機使用的新族群更是如此。看來講究虛擬的網路手機通路，也應將現實的消費習慣考慮進去，尋求更貼心的解決方法。

維修市場看似營運成本及利潤並無吸引力，然而許多專家認為維修市場一年3-5億的市場跑不掉，加上維修點也是促銷換新手機的策略運用，通路商值得好好研究。

2. 手機配件市場的經營

手機普及率已有百分之五十以上，加上手機利潤低，因此通路商可以針對愛炫

耍酷的年輕人推出流行性強的手機配件，刺激消費。這時面對的競爭來自攤販，要與大量低價的攤販有區隔時，唯有善用已經營多年的公司品牌來推出獨家商品，搭配行銷活動，限在網路上銷售，對宣傳、業績相信都有好處。

據觀察，民眾買手機前多會先蒐集相關訊息，這也是安瑟成功轉型為ICP的關鍵，以安瑟目前吸引的忠實讀者群，再做手機配件市場的開發，在眾多的通路商重重包圍下，對安瑟應有加深品牌印象的實質幫助。當然這表示需要再補充行銷的人手及編列宣傳預算，為這創舉多做規劃。

3. 人性化的服務介面

消費者購買手機最先考量的是服務專業性，即購買時的諮詢建議，其次是維修方便性。雖然安瑟網站中的資訊豐富，但如何發揮網路的互動性，以目前的兩個門市，做到媲美其他實體通路隨處可諮詢的方便性，也是虛擬的安瑟可以再著墨之處。在精簡人力、成本與深度服務兩者的拿捏，虛擬的網路商店有許多消費習慣與人性需求的功課需要再做研究，才能真正帶動電子商務革命性的突破。

基本資料

網站名稱：飛行網 www.music.com.tw
公司名稱：飛行電子商務有限公司
成立時間：1996年12 月開設網站 1999年十月從華總股份有限公司獨立出來
主要經營：執行長 陳國華 東海大學企管系 飛行網創辦人
華總（股）有限公司
總經理 陳國雄 美國喬治華盛頓MBA 飛行網創辦人
華總（股）有限公司
中國總經理 王堅鴻 東海大學企管系 P&G 業務部經理
華納唱片業務總監
資 本 額：以一百萬起家，目前為一億九千九百萬
法人股東：台灣工業銀行、美商中經合集團、永威投資、中租迪和、
新加坡科技集團、怡和創投、齊魯企業、開發科技
員工人數：90人，平均年齡28歲
目　　標：全球最大的華人娛樂網站
營收狀況：1999年線上購物營收新台幣三千萬元
競爭優勢：完整的數位音樂加密電子商務機制
特殊事蹟：1999年獨獲經濟部「台灣最佳電子商務網站」殊榮。
經營理念：網路唱片商及網路通路商
前景展望：2000年三月 台灣娛樂網站；六月 中國娛樂網站 九月 香港娛樂網站 十二月 新加坡娛樂網站 2000年成為全球最大華人娛樂網站

人氣指標：
會 員 數：2000年三月底前5萬以上，四月改版後，因加入會員方式改變，預計將大幅增加至300萬
客戶分佈：以都會區佔大多數，中學生、大專生佔5成，年輕上班族佔3成
回 流 比：無新資料

網站速寫

音樂下載：結合Microsoft加密技術及中華電信小額付款機制。

線上購物：「上網訂貨，超商取貨」，是目前音樂銷售量第一的網站（1999年新台幣3000萬）。

網路電台：與中廣合作開闢專屬網路音樂節目。

音樂電子報：設計『BUY NOW』功能於電子報，結合線上購物，也提供單一明星個人電子報。

跳蚤市場：首創「舊換新」服務，以網友二手CD交換次數，累積購買全新CD的機制。

明星股市：供網友進場交易明星股票。

歌友會：開放歌手與網友討論、互動的空間。

在音樂下載部份，目前提供下載的歌曲來源分為兩種，網路藝人與明星單曲，在網路藝人部份所提供的歌曲下載是分為付費與免費的，付費部份每一首單曲分一般價5元與折扣價1元兩種，但目前缺乏試聽的功能；另外在明星單曲方面，由唱片公司免費提供下載，以促銷其CD商品。

飛行音樂網，提供時下市場上熱門的CD做線上訂購，並提供比一般市價約便宜30-40元的價格銷售，目前與飛行網合作線上訂購網路便利通的便利商店有全家、萊爾富、福客多、OK等四家連鎖便利商店，約有近三千家取貨地點，算是相當方便的。

另外一個較為特別的明星股市，該網站會在網友加入會員時提供一千萬的明星股市籌碼，讓會員自行決定投資看好的歌星，如此各明星會因為會員的買進賣出的動作而有數量價格的波動，以此觀察會員投資組合的價值，進而瞭解參與歌星的人氣指數，並給予經常參與的會員抽獎，鼓勵參與者，這算是一種凝聚會員不錯的作法！

網站經營類型

由於檔案壓縮技術進步及網路頻寬改善，崛起於兩年多前的MP3格式數位音樂，很快打入網路圈，深受網友歡迎，同時也取代「Sex」（性），成為搜尋網站被使用最多次數的關鍵字。根據Jupiter Communication 去年（99）調查，全球線上音樂市場交易值約為2.8億美元（但盜版、違法下載等卻造成超過50億美元的損失），同時音樂市場總產值則為390億美元，相較之下合法線上音樂目前所佔比例雖小，但未來5年內可將市佔率從去年的不到1%提升到10%。

在全球線上音樂發展大勢下，根據國內MIC最近的估計，在配合將來WAP行動通訊的發展、車用音響等的應用，以及MP3 Player的價位下降等因素，預估2002年國內數位線上音樂市場可達14億元。

而飛行音樂網執行長陳國雄便推估，今年線上音樂的市場雖只有千萬元左右，但配合評估台灣電子商務相關環境的成熟，估計2001年時線上數位音樂市場與實體通路營業額約為三七比，到了2002年時大約是一半一半，2003年便會出現優勢性的七三比。

觀察目前國內音樂相關線上音樂網站經營，均屬於電子商務中的B2C類型，其經營背景可以分為三大類，包括唱片發行公司（如滾石、EMI、SONY、BMG等）、唱片通路商（大衆、玫瑰、華總、亞洲、霖揚等）以及音樂喜好與創作者。目前仍以原有唱片業者自建網站、及由實體通路商轉型成為線上通路商的網站，其聲勢、架構最為浩大，而對於他們來說，網站是宣傳的媒體也是未來銷售的主要管道，因此，網站以內容與社群的經營，提升網站人氣為初期目標，不外乎是為將來的線上市場佈好通路客群基礎。而對於那些勢單力孤的音樂創作者，建立網站的主要目的，不是電子商務（販賣個人音樂），而是為了建立專屬個人或團體獨特色彩的音樂舞臺，變成表現自我與發聲的最佳管道。

飛行網為傳統的唱片盤商出身，是國內由實體唱片通路盤商轉進虛擬網路電子商務的先驅者，憑藉其先天上便具備實體通路、物流、產品管理實務基礎，在86年跨入線上零售(B2C)便搶得線上音樂市場先機。

隨後在物流與金流部份，又有相關業者如統一便利連鎖、IBM、Hinet等合作發展，在物流部份為其另一項創舉，稱為網路便利通，目前與四家便利商店連鎖業者合作，線上訂購CD全省取貨的服務方式，一次將物流與金流解決，跨越了電子商務發展的首要障礙，除網路便利通末端物流委由便利商店的物流體系外，在線上刷卡購物等方面皆由當時的母公司華總自有物流體系負責，自主度高為其優

勢。

訪談紀要

飛行音樂網的構想來自有38年歷史的唱片大盤商華總，位於彰化與兩千多家便利商店有長久合作關係，網路，讓一個傳統的唱片大盤商，開創新契機。

1995年底時，大學主修資訊，研究所在國外攻讀行銷的陳國雄回到台灣，自己動手寫程式經營網站，開始嘗試在網路上賣唱片。當時網路寬頻不夠，且一般人對網路認識不多，更何況是在網路上購物？但是陳國華與陳國雄兩兄弟仍然深信網路購物的潛力，繼續不斷與唱片公司溝通這個構想。

由於與台灣一百多家唱片公司多年的合作基礎，華總在貨源與價格上有著充足的優勢，除了能大手筆的採低價策略外，並且提供詳細的資料庫供查詢，為了吸引消費者駐足，華總也用心地設計一些互動單元：如在1998年底與英特連合作推出「明星證交所」，以模仿股市交易的模式，讓網友能投資熱門專輯唱片。

過去加入飛行音樂網分普通會員及金卡會員，普通會員免費，金卡會員需要交399元才能享有價格優惠及其他服務。雖然有如此的高門檻，但仍吸引5萬多名會員，自2000年起，飛行網取消收費制度，公司評估會員數將大幅增加至300萬名。

在網站開設之初，會員分布情況以國外為主，與國內會員比較約為 7：3 的比例，但隨著國人對網路的熟悉，以及飛行音樂網首創「網路便利通」；採網路下單、便利商店取貨的模式後，民眾到全家便利商店一手交錢一手取貨，飛行自己統計結果，這個方式受到台北都會區的好評，消費族群中有五成為中、大學生；另有34%是上班族。吸引他們的關鍵是24小時取貨的便利性，至於低價格及付款安全的考慮因素各佔2成。現在由於國人對網路交易比較能接受，國內會員便增加到到總會員的七成。

1999年六月經濟部舉辦的的Cyberoscar網際金像獎，飛行音樂網得到「最佳電子商務網站」，1998年營業額達到680萬，1999年營業額達到3000萬，但是飛行音樂網的企圖心也跟著變遠大，飛行看中MP3的市場，採用微軟開發的加密技術WMT(由微軟開發的一種數位音樂格式），在1999年底與中華電信合作，讓Hinet的使用者可以小額付費的機制，下載MP3，每月5000元的額度，以避免呆帳問題。並找來東海大學的朱正忠教授開發版權分配機制。一推出就吸引二十萬人次上站下載，更加深飛行網對數位音樂市場的放手一搏的決心。

飛行音樂網在1999年十月，從華總獨立出來，成立飛行電子商務商務公司，資本額一百萬元，吸引許多創投、法人前來問津，最後決定與台灣工業銀行、美商中經合集團、永威投資、中租迪和、新加坡科技集團、怡和創投、齊魯企業、開發科技等合作。

由於唱片業者抱著觀望的態度，初期以非主流歌手為主，MP3資料庫約有一千多首有版權的曲目。為了豐富數位音樂的來源，在2000年一月初，飛行又大幅改變策略，以免費下載招徠顧客，網友可免費下載，版權所有者可以收到十到三十元的版稅，突破唱片業者因無利潤而不願參與數位音樂市場開發的疑慮。

不少人好奇飛行音樂網的模式，而且一些重量級唱片業者，如滾石，自己也成立了網站，不考慮加入飛行網的陣容。其他五大國際級唱片業者也是抱觀望態度。而飛行網則強調，飛行網是花了四年兩千萬才學習來的電子商務模式，只做「加密、付費、下載三件事，與關鍵廠商策略聯盟，並不是和唱片公司競爭。」

營收模式與概況

目前飛行音樂網的主要營收來源有三種，第一種為線上銷售CD，這部份又分為由便利商店取貨付款與線上刷卡郵寄CD兩種方式，另外飛行網也提供網路藝人（歌手）付費音樂下載銷售，每一首歌1塊錢，除此之外還有部份的廣告收入。

飛行網去年（88年）營收成長478%，約3000萬元，主要的收入以線上銷售CD為大部份，線上音樂下載部份，所佔比率仍低，雖然有著線上訂購音樂CD的高營業額，由於目前不斷擴張事業版圖，因此仍處於虧損狀態。飛行網將目標放在整個亞洲市場，其中大陸總部將設在上海，預計2000年6月以前將推出電子商務網站，另香港分公司的設立時程約在9月。但因為大陸物流方面的問題較難克服，故將以MP3為主力推動項目，飛行網預估今年（89）營收目標為 1億元。

前景展望

飛行網是由實體唱片通路盤商轉進虛擬網路EC，因此先天上便具備通路、物流、產品管理穩固基礎、加上97年跨入線上零售，搶得線上市場先機，隨後在物流與金流部份，又有相關業者如統一便利連鎖、IBM、Hinet等合作發展，接著在今年3月底加強網站設計與功能、客服的建置後，加入了以新EC觀念（Entertainment Content）的營運新方向，更以電子報等凝聚社群、擴大營收來源，下一波更將進軍大陸等華文市場。

飛行在去年底正式獨立成立飛行電子商務公司，飛行音樂網也成為一個獨立品牌，在新改版的七大服務中除原有的線上下載、線上零售外，還加入了音樂電子報、明星股市及歌友會等，以加強社群的經營，也與特約樂評、或是一些專業小眾雜誌等合作強化資訊的精緻化。另外與中廣公司籌設「網路電台」，並且簽下中國唱片總公司音樂下載的版權合約，89年4月起將全力進行中國大陸的佈局，預計第二季在北京設立辦公室，籌備開新網站事宜，並延攬華納唱片業務總監王堅鴻正式出任公司中國區總經理，拓展大陸音樂市場。

掛牌規畫

飛行音樂站於去年(88)年底完成募資動作，股本由100萬擴增為1.99億，正式成立「飛行電子商務股份有限公司」，股東成員除華總外，另共有8大法人入股，以新台幣2億元取得33.3%股權，而華總則持有66.7%股權，飛行電子商務執行長陳國華表示，飛行網未來的發展方向除了原本的線上訂購CD外，未來的發展重點將放在加密MP3及音樂電子報的推廣，另中國大陸網站預訂於2000年6月前上線；另外預定在2000年6月將進行第二波現增，屆時將納入外商及技術投資者加

入。

至於上市上櫃計畫方面，以（88年）營收約3000萬元，仍無獲利，另外該公司預估今年（89）營收目標為一億元的，但由於今年為飛行網的擴張期，資本支出部份與行銷費用必定侵蝕大部份的獲利，依此情形推估，飛行網2000年掛牌二類股的機會不大，或許明後年可能性較高，目前飛行網站未上市仍無籌碼外流，因此買不到，但不失為值得觀察的個股。

觀察重點

1. 國內傳輸頻寬不足

國內相關軟硬體環境目前狀況看來，主要的限制，首先在頻寬問題，國內目前主要的ISP都以窄頻為多，而這種網路撥接環境，常會造成以CD音質壓縮後的歌曲（檔案大小平均約4.2MB左右）會因為下載的規格不同而導致失真的程度大小不一，假若在非尖峰時間以56K數據機下載，採高音質規示，約需要15~20分鐘以上，另外再加上ISP撥接費用與電話費，一首歌的成本大約還要10元左右；若犧牲音質，改採立體聲（Stereo）格式，檔案大小可縮減至2.2MB，但仍須耗費約10分鐘下載。若採用最差的收音機（Radio）格式，最少都還需要5分鐘時間，才能完成下載，因此當消費者真正決定付費下載音樂時，其實際付出的總代價（總成本），大約包含購買費用、撥接費用、電話費用，一首歌相當要40-50元左右，若以一張CD一般會有12首歌，則總成本約需要500-600之普，比單買一張

CD的價格（約350元）高出許多，這或許是很多網友所沒有注意到的，而且在音質上也會有所差異。

因此網友在追求新奇與流行時，更應該精打細算一番，以免在激情下載過後，必須支付龐大的傳輸費用而大吃一驚，就如同現在的當紅炸子雞WAP一樣，網路時代的最大目的之一除了在快速之外（省時）還要節省（省利）！

2. 可下載的音樂類型受限

目前國內音樂網站上所能下載音樂大部份是非最新的流行音樂，而歌手也都是以非主流歌手為主，而分析國內網路下載的族群又以青年學生，年輕的上班族為主要客戶，這些族群的最大特質就是追求流行、新奇，而以這樣的音樂內容，如何能吸引他們，創造熱潮，發揮網路的最大效用呢？

不論是實體音樂市場或是虛擬音樂市場，這些年輕人都是最大的消費族群，抓對了他們的偏好與流行的趨勢，就表示抓到了最主要的市場消費族群，如當今非常熱的哈日風，就是一個最好的切入點，如何取得市場先機的人，就是趨勢的領導者，市場的贏家！

3. 授權的MP3下載音樂不足

目前飛行網，在數位音樂下載服務方面，計約超過六百首歌曲，且皆為獨立音樂創作者的作品，總計被下載次數約32萬次，被下載最多次的歌曲可達四萬次，在飛行音樂網上下載數位音樂，仍是免費，雖然未來可能以每首歌一元的價格，測試網友對於付費的接受度，但主要的問題，仍是授權的MP3主流流行樂數量不

足，而且盜版嚴重。因此在攸關數位音樂發展的歌曲版權問題，目前有待克服。

4. 付費機制未成熟

目前線上單曲下載的銷售模式，在付費、收費與版權分配機制方面仍存在一些問題。在對消費者收費方面，因為下載一首單曲，其所需費用還不到信用卡最低刷卡門檻（一般為30-100元），因此將小額付費機制、電子錢包等方式導入音樂網站，解決付款的問題，或許也是音樂網站的另一項當務之急。

5. 加強產品的多樣化

除了MP3與CD線上販售之外，對於音樂相關的周邊產品（不論國內或國外），如明星商品的銷售、個人化MP3 之CD、明星的店，明星二手貨、網路藝人的經紀等，必須朝向多角化方向經營，在個人化MP3 之CD製作方面，假若在加密技術與版權問題能夠解決，這一項商品或許能夠變成杜絕盜版歪風的一項利器。

基本資料

網站名稱：博客來網路書店 www.bookland.com.tw
公司名稱：快捷資訊股份有限公司
成立時間：1995年12月27日
主要經營：總經理：張天立 數學系畢，電腦與企管碩士
資本額度：目前已增資到1億，六月份計畫增資到1.6億至2億元
員工人數：100 人左右
網站目標：成為全球華人知識入口網站。
出 版 社：500多家
書籍種類：20萬種
電子報種類：16類
營收狀況：1999年營業目標是1200萬元，2000年目標訂為1.2億
（今年第一季營收比預期超過40%。）

競爭優勢：
1.經驗：由純資訊業者切入網路書店，四年的經營累積許多寶貴的經驗與想法。
2.經營團隊：網羅各領域的專門人才，在執行力與創意均有過人之處。
3.資訊內容：四年來蒐集完整的書籍資訊，已建立極高的門檻。

特　色：
1.國內讀者寄送免郵資
2.採用Openfind全文檢索功能
3.為不同社群設計多樣化的電紙報
4.以配合新聞或生活議題的精神來引介相關書籍
5.網友可以線上評書並Email書籍資訊給朋友

掛牌計畫：已於五月與元富證券簽約，擔任主要輔導券商，今年六月將辦理現金增資並補辦公開發行，規劃於明年初申請上櫃。
經營理念：分類社群、個人化服務
員工認股政策：目前員工持股30%，預估增資後法人持股40%。

人氣指標：
每日流量：每月100萬人次
會員人數：無會員制
電子報戶：: 20萬
回 流 比：無資料

網站速寫

博客來經營的目標為建立專業分類社群、以及個人化經營，「個人化」是博客來進入2000年最重要的承諾之一，為不同族群設計的特殊需求分類，導引讀者的專業知識從入門到進階一步步成長，建立紮實的專業知識領域。

目前的博客來架構的平台可以支援2000個以上的同好社群之分類平台頁面，就如同博客來是數百個專門書店的整合，各書店又享有獨自的內容風格與行銷活動力。如果分類社群架構是建築的正面圖，則推薦書區、新書區或暢銷書區等則為博客來的側面縱覽，可更深入看各類菁華匯總、網友推薦、名人推薦，並了解出版動態。

目前博客來的服務內容包括網站推薦書、暢銷書區、新書區、電腦類書區、電子商務書區等，另外還有13類不定期免費的書訊電紙報，包括企管財經報、電腦網路報、藝術美學報、休閒旅遊報、心靈呼吸報、文學小說報、語言學習報、社會人文報、科學新知報、保健飲食報、家庭親子報、漫畫報等。

目前在書籍來源方面，與國內外將近500多家出版社合作，由出版社提供書訊與相關資訊，另外在物流部份，包括採用郵寄與快遞兩種，博客來為保寄送速度及書籍品質，為網路購物量身打造的物流系統博客來成立國內第一間專為網路購書需求設計的物流中心，為迅速處理大量而多樣的訂單，並整合前後台資料庫，使供應端的庫存及供貨速度能即時反應在消費者端，供客戶做選購時的判斷。例

如：讀者可選擇當日快遞、3-5天收到、5-8天收到，或是缺書，絕版的告知等等，將選擇權交給消費者，讓消費者可以依據本身的偏好與時間，做出最佳的交貨時間與方式。

目前大部份的書籍均由博客來統一包裝、出貨，因此包裝、寄送的品質與速度已大幅提昇，未來將百分之百由博客來寄送，取代由個別出版社寄送的模式，並將會陸續推出快遞、禮品包裝…等加值服務。

在金流部份，博客來提供了目前採用SSL線上刷卡機制，若消費者有安全上的疑慮時，博客來也提供其他的付費方式任顧客選擇，如匯款、劃撥，但一般都是等匯款後才遞交書籍。博客來在價格策略上，採用一般書籍九折，國內免郵費，活動促銷書展等書籍6~7折的方式刺激消費，另外為加強網站的曝光率，提供相關消費書訊給合作伙伴，聯盟網站包括HiNet、SeedLand、Openfind、CityFamily、年代資訊、中時電子報、東森國際網路、台灣微軟、華視、遠傳電信、寶來證券、以及銀河網路電台等，並將持續增加合作的對象。

網站型態

隨著美國Amazone亞馬遜網路書店於1995年10月成立，其銷售業績每季成長50%以上，平均每天賣出八萬本書，市值接近300億美元，不僅是全球最的網路書店，同時他的一舉一動備受注目；在亞馬遜網路書店展現出驚人的爆發力後，全美在三年內，陸續成立了1,200家以上的網路書店、熱絡到無人不知，無人不曉的網路書店熱，世界級的出版商、發行商、通路商無不摩拳擦掌，想一窺網路世界，在未來的網路世界佔有一席之地，這一把火也延燒到國內來，不論是傳統的出版業者或通路業者以及相關從業人員，無不前仆後繼加入這場戰局，各家業者動作頻頻，如出版業老大遠流出版社、天下出版社、新學友、金石堂到最新的誠品書局，各家出版業者不論以直接或間接方式跳入這一波洪流中，就怕失去自己長期經營所建立的實體灘頭堡，會在虛擬世界中缺席、被取代、最後湮滅在洪流中。

就在四年多前，博客來網路書店總經理張天立，抱著內心一股對文化的理想，憑藉直覺與熱情的創立博客來，在當時的環境與完全沒有出版社或通路商背景的支持下誕生，確實令人佩服其勇氣與遠見。博客來為讀者累積大量且即時的出版情報資源，並運用多元而完善的分類方式以方便查尋，同時精心為讀者選書、推薦、導讀、並把所購買的書籍快速地交給消費者來閱讀，博客來以個人化書店為其終極理想，建立一個以科技為後盾，人性為依歸的全知識服務體系，博客來更將自己定義為全球華文的知識入口網站。

博客來認為為除了賣書的商機之外，書訊資料庫是一項相當重要的商機，博客來網路書店就像是網路書僮，幫上網的網友或消費者找書，幫他們作閱讀篩選的工作，節省消費者的時間，這種互動式的關係，就如同是一種經紀(Agent)的觀

念，而這就是一種相當重要的商機，是一般傳統媒體無法達到的目標。就某個角度而言，網路書店相較於實體書店而言，節省了部份的店銷成本，使成本結構本身就較實體書店而言比較低，因此在價格的競爭上較具實力。

目前博客來有將近十餘萬種書的分類書訊，並將依不同類型，分為23大類，上百個中類及小類，消費者可依照自己的需求及目的，找尋相關的書籍，每一類都有專屬的推薦書、新書、暢銷書，另外而在商品性質方面，目前博客來99%的商品均為中文繁體書籍，另有少部份為日、英文書籍，以及增加銷售中文簡體書籍。

訪談紀要

博客來網路書店總經理張天立，有電腦與企管的雙重專長，由於對技術的熟悉，很早就看出網路的潛力，並深深為網路「sharing」的精神所感動，毅然放棄高薪的工作，拿出五百萬資金，開始一人獨自經營博客來。

看好網路的「媒體」性質，以及書的社會價值與經濟價值，博客來以「書」做為出發點，定位為「知識入口」網站，要做人們的知識伙伴。沒有認真想過要上市上櫃的問題，博客來對網路的執著，是「賠錢也要做」。張天立認為，網路是公共財的觀念，網路的出現帶有反商情節的色彩，若是出發點就是抱著賺大錢的心態來經營網路事業，那注定是失敗的。

這樣的心得來自於架設網站的過程中，張天立享受許多Free、Open的默默協助，因此他認為從事網路業要有「瘋子」、「傻子」的精神，並且有願意投身一輩子的決心。到目前為止，他只想著還有多少理想和實驗還沒做，營收、成長則不是關心的重點。這也解釋，到目前為止，博客來因為自認在物流未臻完善，刻意保持低調作風，免得讓網友留下壞印象，但是博客來書種眾多、免運費、7天內送貨及貼心的包裝，仍讓網友非常滿意，1999年已達到1200萬的營收。

在網路界浸淫四年多的博客來，對網路的體會特別深刻，認為網路不是講理論的時候，而是需要實際經驗。而進軍網路最重要的「心態」很重要：

1. 首先是要「快」，因為網路是新興行業，要在第一時間搶第一，建立高門檻。在競爭廠商品質差不多的況下，最早進入市場並獲得肯定的，將進入良性循環，而立於不敗之地。為了要快，要懂得借力使力，不要事必躬親，如博客來就向Openfind購買資訊檢索功能，而非自己開發。

2. 其次，要切記「分享」的觀念。網路的關鍵在於「Cyberlink」，輕鬆完成連結。因此要善用策略聯盟，增加資源，不要自己閉門造車，想要獨力完成。日前博客來與7-11合作，針對書籍及古典CD部分，提供網上訂購，到店取貨及付款的服務。

3. 有網路概念的「組織團隊」，除了公司管理階層要有明確的網路策略或遠見，快捷的網路環境，才能培養員工的網路意識，並深切掌握住網路商機。

目前博客來嘗試進軍古典音樂CD的販售，並不因市場小而放棄，反而思考如何創造古典音樂的價值，刺激消費。由於CD和書的性質類似，對品牌的信任不等於對品牌的忠誠，遠流、天下或EMI、滾石雖代表一定的品質，但消費者很少非這些牌子不買。而這類產品會因為精彩翔實的評鑑或討論，讓消費者印象深刻，進而購買，因此博客來Middle Man的價值就顯現出來，也是博客來目前努力的方向。

這四年的甘苦，讓博客來確定一件事：「網路本質上就是一個很難經營的產業」，有太多變數與可能，尤其目前實體世界以滿足大多數人的生活需求，因此經營網路事業，除了衝勁，還要有耐力才能生存。但是所謂「虛擬」交易，當然有存在的價值，如「郵購」、「信用卡」已行之多年，這些都和網路有些許類似，因此雖然辛苦，還是要不斷的「創造」與「嘗試」，繼續向「未知」挑戰，在這點，博客來是很樂觀的。

營收模式及概況

目前博客來的每日流量約一百萬人次，電子報數量約為20萬份，並不採會員制度，1999年已達到1,200萬的營收。博客來目前的主要營收來源有書籍銷售以及廣告收入等，書籍銷售收入為主要來源，該公司預估2000年營業目標，業績成長每月超過25%~50%成長，2000年業績成長率為1999年10倍，約為1.2億左右。

若以目前股本計算，每股營收約為$12，另外假設一年的人事相關費用約為五千萬來計算，今年要獲利似乎不無可能。

前景展望

今年初博客來和遠傳合作推出支援手機上網應用介面，博客來網路書店為適應手機上網功能發展初期的訊息簡化需求，博客來首先選擇暢銷書分類排行榜、新書快報、特賣書快報等訊息服務提供給使用手機獲取書訊的愛書人士，以上的訊息將會以即時快速更新的方式，幫助使用者精準掌握書籍的情報。

博客來為加強對客戶服務，今年更建立屬於自己的物流配發處理中心，朝向百分之百自行處理物流，另外也與國內最大通路業者統一超商策略合作，透過其全省兩千多家連鎖店，提供博客來的客戶來店取貨的服務。

在進軍國際市場方面，博客來計畫未來將進軍華人市場，初期先以香港市場與大陸市場為主，然後逐漸擴展到其他華人世界。另外在產品部份，也在今年五月初嘗試進軍古典音樂CD的販售，另外還有計畫切入國內線上玩具市場。

掛牌規畫

博客來目前資本額為1億元，去年底曾在內部辦理6,000萬元現增，僅供原始股東與內部員工認股，將資本額由4,000萬元增加至1億元。而今年初博客來辦理的現增，將是以邀請外部投資法人參與為主，現增案在第一季末完成。

相較於其他網路公司積極規畫上市上櫃時程，博客來卻顯得並不熱衷。張天立強調，上市上櫃絕不是博客來經營的目的，在目前台灣資本市場環境尚不健全之際，博客來得以掛牌，也不見得能獲得市場投資人的青睞。台灣網路公司的狀況，事實上並不適合接受個人投資，較適合法人參與投資。

已於五月與元富證券簽約，擔任主要輔導券商，今年六月將辦理現金增資並補辦公開發行，規劃於明年初申請上櫃，若以今年預估的營收1.2億來看，要在明年初掛牌機會應該不小！

觀察重點

一、加強與物流業者配合

目前博客來自行建立物流系統及配送服務，但是仍以郵寄為主要送貨方式，最近與統一便利商店合作配送的服務確實解決了送貨的時效性與節省郵寄成本，在一個以時效為重要因素的行業中，透過結盟來取得通路，確實是建立競爭優勢的一種方式。

二、會員制度有其必要性

國內所有的商務型或非商務型的網站，幾乎多有會員的機制，建立會員機制的目的，其實可以分做幾方面來看，首先是建立會員資料庫，會員資料庫的好處很多，建立會員忠誠度與認同感，通過買賣資訊的累積可以瞭解會員的需求類型，主動提供相關訊息，建立互動關係，增加消費的可能性，另外可以針對會員的特質，進行分衆化行銷，針對個人的教育程度、職業、興趣，來提供建議或機會給會員；除此之外累積會員購買資料，可以透過購買金額的累積，適時回饋給會員相關的優惠，作為鼓勵與認同的實質證明與互動，加強品牌的認同度。所以建立會員資料對於網站或會員都是相當有益處的。

附註：亞馬遜網站成功秘訣

亞馬遜網路書店執行長貝佐斯闡釋亞馬遜網路書店的定位為「在網路上設立一家以客為尊的書店，方便顧客在線上漫遊，並盡可能提供最多元化的選擇。」歸納而言，就是「創新、速度、實惠、簡單」

一、創新--服務功能隨著科技進步

貝佐斯在創立亞馬遜網路書店之前，是在一家華爾街著名的基金公司負責電腦系統研發的工作，並沒有真正賣書的經驗，這樣的背景卻成為日後競爭的優勢。亞馬遜網路書店一年增加10億美元的收入，這樣的腳步仍追不上廣告行銷、技術設備的昇級、以及海外擴展計畫所需的投資。這句話說明一項事實就是技術的升級是亞馬迅網路書店的營運重心。

二、速度--信譽來自於流程的迅捷

亞馬遜網路書店強調快速搜尋；因為節省上網的時間，讓貨比三家的機會更為

容易。其次是送貨時間的便捷，其快捷的送貨時間，讀者不僅可以全天候的訂購，而且可以預期在四至八天內，就會看到貨品，這也是廣受好評的重要原因。

三、實惠--優異的折扣價格

貝佐斯曾經表示：「拒絕提供折扣優惠是一項極大的錯誤。大部分的網路企業失敗的原因，都在於錯估價值的定理。」亞馬遜網路書店已經有超過40萬件以上的商品，包括書籍、音樂以及影音光碟，可以省下高達40%的價格。貝佐斯曾被問到：一家公司要如何在網路上攫取最大的市場？貝佐斯回答：「在網路上『價格』必須要有競爭力，值得慶幸的是，網路商業相較於傳統商業，是屬於規模化商業，重要的特徵是高額的固定成本以及低度的可變動成本。」以實惠價格建立競爭力並回饋顧客，始終是貝佐斯的重要經營策略。

四、簡便--即「一點就通」的服務

一點就通（one -click）的設計，只要任何人在亞馬迅網路書店買過幾次商品，亞馬遜網路書店就會記住購物者的相關資料，下回購買時，只需用滑鼠點一下欲購之物，網路系統就會幫你完成之後的手續。簡單的設計，當然造成消費者的便利，間接刺激業績的增加，當然也成了眾多電子商務業者仿效的功能之一。

以上的幾項因素的確是國內網路業者值得思考的問題。

基本資料

公司名稱：元碁資訊科技股份有限公司 www.acer121.com.tw
成立時間：1996年2月
主要經營：董事長 黃少華
副董事長 雷輝
總經理 叢毓麟
資 本 額：一億五千萬
法人股東：目前超過三分之二股份為宏網持有
員　　工：250人
競爭優勢：1.宏碁集團的品牌與資源 2.精良的技術團隊 3.豐富的行銷經驗
目　　標：全球華人及華裔人士上網的第一選擇
經營理念：以科技創造娛樂，以娛樂豐富生活
業務內容：視聽無限121、賀卡121、娛樂121、戲谷121、售票121、樂購121、益智學習121、Acer121、財庫121
營收狀況：1999年營業額七千萬，2000年預計可達3億
員工認股：員工服務一定時間後，得參加員工認股計畫
上市上櫃：預計2001年在國內上櫃

人氣指標：詳見各網站介紹

網站速寫

元碁資訊的最大法人股東為宏碁聯網集團，原始股東為宏碁電腦、宏碁國際和員工投資。宏網集團以宏碁聯網公司為控股公司，而其中元碁資訊，就是宏網集團前進網路事業的開拓先鋒，屬於入口網站與內容網站的集合體，不僅是一個portal（入口），更是一個destination（終點），能充分滿足網友需求。

以下介紹有關元碁資訊的整個網路佈局與相關網站服務內容：

一、Acer121 入口網站---資訊家電整合服務

Acer121於2000年4月開站，為台灣第一個整合資訊家電上網的入口網站(Appliance portal)，其中涵蓋的資訊家電有PC,XC,TV/Set-top-box,Mobile等，並以家庭各年齡層成員上網為目標，是真正推廣到全民上網的服務。有別於一般入口網站，不只提供單純的線上服務，而是從上網所需要的設備.ISP.線上服務一直到電子商務作垂直的整合，讓使用者在最簡易最省時且不需要專業知識的情況下達到上網的目的，已有十萬多名會員。

Acer121 除了入門瀏覽器之外，還另外發行 Acer121光碟，在這片光碟中，使用者可以從安裝的過程中獲得所有上網需要的套件，包括撥接上網時數、會員註冊、電子信箱、個人網頁、交流園地、行事曆等種種免費服務及瀏覽器、線上遊戲、聊天室等網路軟體。如果使用者購買的是Acer121的資訊家電產品，這些服務將內建於其中。

Acer121強調內容品質及社群，致力於提供有價值的資訊及優越的功能服務。非主流上網族群，如婦女、老人、小孩，提供更為容易、經過整理的內容及相關服務，讓這些

使用者可以得到基本的上網服務，儘早達到全民上網的目標。

二、電子商務部份

有鑒於數位網路科技將大大改變企業經營法則，電子商務一舉躍居為主要的決戰場。國內第一家率先成功開發SSL線上交易制度的宏碁網路商場，已有3年的經營經驗。

宏碁網路商場依不同商品規劃成各式主題專賣店，未來將以全球化運籌體系，並提供SSL.SET及Mondex電子現金卡等個人化服務及各種付款機制，期望領導國內電子商務走向更安全、更方便的電子交易時代。

（一）、售票121 www.Ticket121.com

售票121票券種類相當多，服務範圍廣，售票方式相當多元化，是全國第一個結合Cyber與Real通路的專業售票系統。1998年11月開站，首賣「金馬影展外片觀摩展」，轟動全國，打破國內售票系統年代長期獨佔局面。

除代售各類藝文演出、演唱會、影展、運動及航空旅遊等票券外，並實際於全省北、中、南分設辦事處，務求服務能迅速周到，滿足客戶需求。目前所結合的實體知名通路達100個以上，遍佈全省。

另外在網路訂票方面，採用ACER MALL相同的線上交易系統，消費者可自由查詢表演節目內容及選擇座位，訂票後至售票點取票或選擇寄送到府，另外也可以親自至「元碁售票網」的全國各售票點購票，以信用卡或現金向售票處專業售票員購票，除此之外，也提供其他訂票方式包括傳真訂票、專人訂票、電話語音訂票等。

（二）、視聽無限121 www.cdx121.com

視聽無限121於1997年10月開幕，採用Real System、3D、VRML、Flash等最新最炫的網路表現技術，創造網路新體驗。另針對熱門影音產品提供線上試聽、試看，以及免費下載Demo程式的試玩服務，讓網路讀者在購買該項影音產品前，能對產品有更進一步的了解。

該網站除了是影音產品的購物網站，更具有娛樂媒體特性：隨時提供網路讀者最新娛樂、產品訊息、專業評介及好片推薦，未來還會結合更多的專業媒體與網站，提供網路方便閱讀、查詢的影音資料環境。另外也建構線上影音娛樂資料庫，提供影音商品線上購買管道。目前視聽無限121的資料庫中約有5萬片中外文光碟、及豐富的音樂曲目。

（三）、書城121 www.book121.com

元碁資訊與台灣最大書店通路金石堂書店，共同經營之全球最大華文購書網站—「書城121」，於1999年11月正式開幕。元碁資訊與金石堂之合作方式，是以Co-brand（共同品牌）的方式進行，元碁資訊提供網路上專業電子商務技術背景、豐富的行銷及管理經驗，而金石堂提供十七年來的出版界資源（包括書籍資料庫）及物流支援。

書城121之書籍資料庫，是由17年來所累積之30萬筆金石堂實體書店資料中，挑選出10萬筆最新書籍資料，並先於2000年前建置5萬筆流通最廣、最新之書籍書摘導讀。-書籍資料共分為12大類，更細分79個子分類目錄，讓網友可以輕易找尋所需要的書籍資料。

由專業之編輯人員整理挑選三大單元：新書推薦、暢銷書選、精選特賣，編輯亦將12大類中之資訊理工、財經企管、中外文學及休閒娛樂4類，一一挑選出最值得網友閱讀之

書籍，並提供專業的書摘導讀文字供網友閱讀參考。網路書店中也提供每月之出版情報供網友瞭解出版業動態。

（四）、樂購121www.buy121.com

元碁樂購121希望讓上網購物不只是新科技、新方法，更是一種自然而然的生活型態！

在產品分類上區分為十大專區：網路花坊專區、3C生活專區、中華文化專區、飲食天地專區、健康生活專區、兒童天地專區、語言學習專區、化粧美容專區、樂器大賞專區及愛心義賣專區等共十類。

另外為增加與十萬多名網友間的互動，還特別開闢了相關的行銷活動特區，包括話題元素（針對每月的特殊節慶或事件舉辦的主題式行銷活動專區）、B！New新發亮（搶鮮新品上市區）、推薦商品、狩獵特區（省錢有理折扣區）、每週一物（限時、限量好康特區）、熱門商品、義賣專區等，種類相當多。網路購物是未來必然的趨勢，樂購121期許成為全球華人心目中最滿意的網路購物商場！

三、電子娛樂部份

網際網路除了大大改變溝通方式外，另一項重要功能便是促進網友上網互動、成為主要消遣。根據一項調查數字顯示，有近7成的上網時間用在從事休閒娛樂，如交友、遊戲、閱報、查詢資料…等。元碁資訊堅持以娛樂豐富生活、以數位豐富趣味的原則，了解男女老少各階層的需求，提供適合全家人的各種上網選擇，為帶領全民上網、三代同堂開啟網路新世代。

（一）、戲谷121 www.game121.com

高人氣的戲谷，於1998年1月1日開站，擁有數十種網路連線及多人對戰遊戲，以「全球品牌、地緣經營」的理念在台灣、上海、香港、新加坡等地均有分站，是全球最大的中文遊戲網站。

戲谷121提供的遊戲種類相當齊全，目前共分為三館：

一館提供網路麻將、橋牌、大老二、梭哈、拱豬、象棋、五子棋、決戰俄羅斯、賽車、大富翁等網路多人連線遊戲，全球網友可透過網站免費下載安裝最新遊戲程式。宏碁戲谷一館運用最先進的Client - Server架構網路技術，可同時負載數千人連線對戰，訊息立即反應。

二館「戲谷樂園」提供賽馬、賓果、拉霸、水果盤、電流急急棒、高爾夫、魔王磚塊、神射手、猜猜樂等網路遊戲。所有遊戲無需先行下載，上網即可和朋友一起挑戰樂園內各項遊樂設施。

三館提供「夢幻之星」等各種千人線上遊戲(on line game)，創造「未來世界」、「中古世紀」等虛擬場景，讓玩家在其中扮演角色、結交朋友、組織團體、共同冒險犯難。

目前戲谷121擁有近百萬註冊會員，平均每天有超過10萬人上網遊戲，平均每人每週上線5次、每次停留40分鐘。宏碁戲谷多功能的「配對」機制可支援自動湊桌或私人牌局。

另外該網站首創Gametop遊戲桌布廣告機制，可在遊戲過程中主動滲透、長時間曝光，並針對不族群傳送不同廣告訊息，藉以提昇廣告精準度。宏碁戲谷亦可依廣告客戶

需求，配合遊戲特色與使用群族，量身訂做各種贊助式網路廣告專案，擁有不錯的成效。

（二）、賀卡www.card121.com

賀卡121於1998年十月正式上線，2000年四月已突破200萬張，單日最高寄卡數量超過52,000張。賀卡121發展出國內專業卡片網站預約寄卡功能，網友可以隨時做好個人年度祝福的計劃管理。

為了讓網友寄卡更方便，賀卡121更開發MyCard的獨創功能：「個人卡片記事本MyCard」、「一卡多發」、「個人通訊錄」、「貼心小秘書」、「圖片百寶箱變化無窮的DIY卡片」等個人化新功能，滿足每個網友獨特的卡片需求，豐富網際網路人際新關係。

（三）、娛樂121www.eday121.com

娛樂121「生活天地」在1997年九月開站，以大量的影視、體育、休閒、消費新聞，打下一片娛樂市場，不但甚受網友的喜愛，更獲得資策會評選為1998年網際金像獎的殊榮。

在入口網站逐漸由廣度朝深度發展的趨勢下，「生活天地」更名為eday121，全力主攻娛樂視聽入口暨內容發展網站，不但增加策略聯盟八家網路內容供應商，專業的娛樂線上記者負責採訪熱門話題與人物，並有數千張的藝人寫真。

除了提供大量的娛樂資訊，eday121設計許多讓網友與偶像互動的單元，目前已有16萬訂閱人數的娛樂電子報，以分項專營的綜藝、電影、音樂、戲劇來詳加規劃，讓每個需要特定內容的網友都可以獲得想要的資訊。

（四）、Money121財庫121 www.money121.com

投資理財的成功關鍵就在於資訊的掌握，由於網路能夠大量的提供即時資訊，網路上進行投資理財成了必然的趨勢。財庫121於2000年4月開站，以提供one to one的投資理財服務及資訊為目標，計畫建立一個簡單、便利、豐富、安全的線上投資理財環境，呈現既專業又全面的資訊與服務。

另外財庫121更推出專屬於個人的首頁設計，共提供五種版本讓使用者選擇「順眼」的顏色和版面。該網站上也提供24小時不打烊的金融服務，讓使用者在同一個平台上使用跨機構的服務，輕鬆地交易各種金融商品。初期提供的金融商品有股票、基金、保險等，目標是成為線上金融百貨。

財庫121的精算121提供與日常生活息息相關的各類理財試算，從消費、結婚、子女教育、購屋、買車、到退休，依個人的不同需求、不同階段提供詳細的精算，如同個人專屬的全方位理財顧問；在理財學苑的服務中，則提供完整、易學的理財工具的基本與進階知識。

四、線上學習部份

綜觀網際網路發展，線上學習也是業界相當看好的另一塊市場。根據資策會資訊市場情報中心的估計，線上學習將打破學習的時空限制，雖然2000年線上學習市場規模僅1.3億元，但後續發展潛力大。資策會認為網路線上教學將成為培訓資訊人才的主力管道，並預估2002年，將有50%的學習係採用電子化及網路方式進行。宏網集團積極發展線上

學習，設立「益智80網站」(www. 1to80.com.tw)，定位為網路終身學習網站，全力朝知識入門網站發展。

（一）、益智學習121 www.learning121.com

益智學習121以英文、繁體中文及簡體中文三種版本提供亞洲不同地區相同的服務內容，除了針對東南亞、台灣與中國大陸地區使用者提供服務外，並計劃擴展至東亞及其他太平洋環屬地區。益智學習121已於1999年11月中於新加坡上線，2000年1月20日在台灣正式啟用，1月26日在中國大陸廣州上線，計劃半年之內，將在新加坡、台灣、中國大陸三大城市、香港等地，陸續建置六個終身學習知識入門網站。

益智學習121提供「多元化」教育內容完全符合每個人的需要，其中包括7,000多種教育課程，每種課程都具備絕對「實用性」的條件，加上網路媒體雙向互動的特性，可提供使用者一個真正「互動式」的教育管道並有專業人員線上指導為使用者解決難題。

使用者可以輕鬆地透過連線，找到有關學習的課程資訊及服務，獲取知識內容；其中課程範圍包含留學模考中心、IT課程、管理技能、英語教室、遠距教學等，還有興趣嗜好單元。

訪談紀要

宏碁集團下的元碁，對網路事業是抱著使命感來參與的，加上宏碁集團一貫的穩健經營原則，從1996年就開始策劃，至今共推出將近10個網站，員工已成長至250人左右，雖然目前集團下各網站人氣度不一，對元碁來說，手心手背都是肉，元碁看的是長遠的未來，及這些網站聯合起來發揮的綜效，今年四月元碁統一旗下各網站，以121為名，告訴大家元碁針對每一個家庭提供一對一服務的目標。

有感於網路仍有不少成長空間，元碁將陸續推出其他類型的服務，最終目的在於提供網友「歡樂、簡單、關懷、安全」的網路環境，不管男女老少皆能享受上網的樂趣。元碁的最大優勢，在於：

1. 以提供網路連線服務技術起家的元碁，擁有獨立開發各種軟體平台的能力。例如戲谷的多人連線遊戲平台，AcerMall的電子商務交易系統、、、等，在在證明元碁在技術上、行銷上的能力。

2. 集團的品牌及資源：對消費者來說，宏碁的品牌是服務的保證；另一方面，宏科、全國電子等提供通路、實體產品來支援數位集團的服務，也是一般的網路公司所缺乏的資源。

3. 元碁的網站提供多樣的內容，讓網友能以宏網護照Stop Browsering,Start Living，帶領更多的人輕鬆進入網路生活，實現所謂入口網站也是終點網站的「第二代入口網站」的理想，真正留住人潮。

元碁營收狀況今年保守預估能達成二億的成績，其中廣告收入與電子商務的收入各佔一半，預計2002年營收始能大幅成長。除了大眾對上網消費的熟悉度提高，也在於元碁的努力將被大眾所肯定，吸收更多家庭會員，並擴大資訊家電上網族群，建立第一品牌的資訊家電入口網站。

看好網路仍有許多待開發的領域，將來元碁並不排除繼續以轉投資、合資等方式來擴

展網路疆域。元碁也將繼續垂直開發有深度的內容，將來會開始提供差異化服務，開發專屬會員收費的商業模式，未來不排除在國內上櫃，結合整體社會資源，提供更好更多的服務。

營收模式及概況

元碁資訊目前主要的營收來源有電子商務部份（旗下十大網站）與廣告收入為主，各佔營收來源的一半，以去年為例，營業額約為7,000多萬元，預估隨著規模的擴大，今年的營收和獲利來源，仍以廣告和電子商務為主，前者預估做到1億元以上，後者預估超過2億元。不過目前元碁還是以擴充市場佔有率為主，因此今年仍將強化網站內容以吸引更多會員。今年營收可望成長到3億元以上，並預計在2002年以前達到損益平衡。

前景展望

元碁資訊表示：預計三年內會員將達到台灣100萬個家庭，未來再慢慢擴至整個亞洲區，acer121.com屬於第二代的入口網站，將可在所有的PC、PDA、Set-Top-Box等IA家電上網，所有家中的成員均是他們的服務對象，上網不再是青少年或是精英分子的權利。

因此acer121.com將結合IA、ISP、Content，整合所有訊息，打造e-Life新世紀。元碁資訊董事長黃少華說：元碁資訊四年來在網路內容的執著與投入，正是今天「百萬e化家庭計畫」最好的推進器。宏碁集團醞釀一年的「百萬e化家庭計畫」，將整合宏碁電腦、宏碁科技及宏網集團以提供完整的解決方案達成百萬家庭上網為訴求目標。透過宏科每年30萬台電腦安裝acer121瀏覽器的個人電腦出貨，加上300萬片上網（e手包）光碟在各大便利商店、證券及超商供免費索取的大量發送，及2000年6月以後將陸續推出的I-station、CyberTV、eWAP、WebPDA等多方位的上網平台。

掛牌規畫

元碁資訊當初成立時，由宏碁網路數位服務公司百分之百轉投資，目前主要的股東仍以宏網與員工為主，今年計劃辦理2次現金增資，第一次時程在三月底時，元碁資訊從9,000萬增資至1.5億，每股溢價20元，募資對象為原股東和員工，年底前則進行第二波增資，資本額將增加到兩億元，屆時開放外界認購。元碁表示，元碁資訊將會在年底或明年初於台灣上市，預定將在第二類股掛牌，目前選定的輔導證券商為富邦證券與倍利證券。

機會與挑戰

1. 國內娛樂訂票系統被壟斷

以往國內有關娛樂相關活動售票市場長期為年代系統所壟斷，而元碁資訊售票網的加入的確打破一方獨霸的局勢，對於消費者而言，確實是一個相當值得鼓勵的與認同，因為當市場被壟斷時，最受害的是消費者，包括價格條件與服務條件，均會不如競爭市場，因此對於打破市場獨大的人，應該給予支持與掌聲。

2. 綜效的發揮

元碁資訊與其他網路公司最大不同就是在於，元碁是各類型網站的綜合體，提供的是元化的服務與產品，但是「多」可以是優點，也可能是缺點，端視資源的整合與綜效的發揮，以及網站之間的互動關係而定。而元碁資訊的挑戰則是如何將旗下各類型的網站與服務，做最佳的搭配，提供網友或家庭成員最完整的需要與服務，以及網站間資源的分享，業務的協助，環環相扣的服務鏈等因素對元碁資訊而言既是挑戰也是機會。

3. 服務的深化

服務的深化是網站忠誠度建立的另一個方式，目前最廣為運用的方式便是建立社群，其實社群是一種較廣泛性的定義，若加以分類，可以分為年齡（縱向）、性別（橫向），而目前元碁則是以家庭為主要訴求，由於家庭有不同的年齡層次與性別的交錯，因此在分眾行銷上效果會打折扣，顧及整體卻有忽略個體的遺憾。網路是分眾行銷相當好的舞臺，因為行銷的對象清楚，效果也較明顯，因此縱向（垂直）的入口網站或社群為另一項值得嘗試的切入，以及加強服務的深化的方式。

基本資料

網站名稱：Kingnet歡樂網路王國 www.kingnet.com.tw
公司名稱：金明國際股份有限公司
成立時間：1996年
主要經營：甘明又
資 本 額：以台幣五百萬開始，目前台幣一億元
大 股 東：中加、普迅、中時網路科技
員工人數：53人
競爭優勢：台灣最大電影資料庫
上市計畫：準備中，國內或國外都有可能
公司特色：全球第一個以虛擬國家形式建置的網站，結合社群網站與內容網站的性質
經營理念：品質、創新、永續經營、穩紮穩打

人氣指標：
流　　量：每日網頁存取次數120萬次
會 員 數：70萬個國民
目　　標：優質的全方位生活網站
業務內容：除了八卦、政治議題不碰，生活各層面幾乎都涵蓋，共12個子網站
客戶分佈：總體而言，男性佔64%、女性佔36%，上班族與學生各半地區上以大台北網友最多，桃竹高次多，電影網站以上班族居多，音樂網站有七成是年輕女性。

網站速寫

歡樂網路王國內目前擁有皇家法院－提供免費法律諮詢；觀光局－提供旅遊資訊；出色男女－供未婚男女聯誼的空間；網路郵局－有免費電子郵件帳號；國民住宅－個人網頁空間；千里傳情－電子賀卡；樂在工作－人力資源網；音樂網－有偶像歌手官方網站；顛覆娛樂－每三分鐘送出一份獎品；名牌折扣店－線上購物場所；屋婆網－買賣房屋資訊交流。其中已選定的主打頻道網站，包括音樂、電影、醫療、旅遊及法律等五個。

最受人矚目的是1998年推出的國家網路醫院，一口氣推出49個科別，設有200名醫生駐站，還有中文簡繁體即時切換的設計，當時新聞甚至上了報紙頭版，更在1999年獲網際金像獎。目前約有10萬名會員的KingNet國家網路醫院，日前邀到前長庚大學校長張昭雄加入服務團隊，出任網路醫院院長一職，未來將不定期的和國外醫療機構和醫界專業人士合作。

KingNet電影台的網路電影院，只要是KingNet電影台會員，就可以免費在線上觀看網路電影首輪試映，並且在線上電影院中，未來還會有2,000多部影片陸續提供，影迷可以隨選視訊（Video On Demand）的形態欣賞，不過KingNet也不排除在片源及時機成熟時，有收費的可能性。目前KingNet就與中華電信以及春暉影視共同合作，希望能夠提供網友在網路上，欣賞完整的電影，而這種做法也可以使影視業者互蒙其利，在網友的口碑之下，吸引更多票房。

過去KingNet就與戲院業者合作推動涵蓋訂位、付款及取票的購票系統，消費者可透過網站自由選擇座位，並透過Kiosk機台取票，首先導入這套系統是國賓戲院，而KingNet也表示，推出的網路訂位、付款及取票系統，最大的特點在於可透過網站，讓消費自由選擇喜愛的座位，省去排隊的時間。此外，對戲院業者來說，導入全部自動化的網路訂位及取票過程，也可減低既有的人工售票成本，轉用來提供消費者更好的服務。另外將陸續與日新、豪華等戲院合作，將電影取票機置於戲院前，因此，消費者除了上網取得電影資訊外，在買票取票時也更加方便。

而在今年一月十四日剛開站的KingNet旅遊局，推出主題式深度之旅，KingNet旅遊局，將為網友量身定做，跳脫一般景點瀏覽式的旅遊行程，推出主題式深度之旅。KingNet旅遊局推出的主題式深度之旅，初步將配合香港藝術節，推出一系列香港歌舞劇之旅，從三~五月，分別有「太陽劇團歡躍之旅」以及「芝加哥音樂劇之旅」，而未來還將陸續推出巨星演唱會、矽谷學習、遊輪等主題之旅。

網站類型

創立於1996年的KingNet歡樂網路王國（www.kingnet.com.tw），目前所屬的五大內容網站，如皇家法院、旅遊台、電影台、音樂以及醫療等，而最早是從電影台網站為起點，而陸續再增加旅遊、音樂、法院到醫療，因此在歸類上該公司屬於一個綜合性生活社群網站，分別建立出各種不同主題的網路王國。

在1999年六月底完成第一波增資動作後，除將繼續強化網站內容外，另將以更大的市場行銷動作，打開各頻道的知名度，此外，相關的電子商務機制也將陸續推出。Kingnet一開始即鎖定內容網站經營，堅信網路是一個提供溝通與互動的平台，而網站內容的紮實才是留下網友駐足的關鍵。

經由KingNet在行銷策略上的運用，加上合夥人精進的技術支援，使得Kingnet陸續寫下台灣網路史上不少第一，像是全球第一個擁有完整科別的免費網路醫院－Kingnet國家網路醫院，一開站5個月內上站人數就超過200萬人。而創業代表作Kingnet電影台，更是台灣第一個網路上推出的電影互動遊戲與線上訂票的網站，由此可發覺KingNet在網路經營上，的確具有相當的原創性與先驅性。

訪談紀要：

金明國際總經理甘明又，是一個不懂網路技術，甚至創業前也不常上網的人，卻憑她在廣告行銷的專長，早在1996年就獨自以五百萬元經營網站，她請來懂網路的弟弟和懂美術設計的朋友共三個人一起經營。當時以電影這個角度切入，由於切入的時間早，是目前最大的網路電影資料庫，電影台還入圍1999網際金像獎。

談到當初選擇電影為出發點，考慮的是1.吻合網路族的興趣與需求；2.是普及

的大眾市場；3.甘明又想以自己陌生的市場測試自己的行銷能力，後來電影台成了歡樂網路王國的響亮招牌，並與所有知名電影公司、戲院合作，並有最完整的電影資料庫。

後來針對電影陸續開發許多台灣第一的服務，如線上訂位、訂票，並在國賓、日新、豪華三戲院設置取票機，完全以信用卡做交易、確認身份的工作。2000年三月底，更推出線上電影首映會，也表達一旦頻寬允許，近日將推出線上播放完整電影的機制，吸引不少人的注意。

1997年開始，甘明又以Kingnet歡樂網路王國為主題，是全世界第一個以王國型態出現的社群網站，架構一個完整的社群，包含50個主題，邀請有專長的網友擔任堡主，享有封地。並依網友上網次數與參與程度，評定網友（國民）的等級。當時甘明又白天與廠商接洽處理業務，晚上除了寫企畫案，對於來信必親自回信，由於她的用心與堅持，歡樂網路王國的忠誠度很高，甚至金明國際內部有三分之一的員工來自歡樂網路王國的國民。

強調高品質的經營方針，希望帶給網友「豐富」的感受，是歡樂網路王國的成功關鍵。網路上創意容易被複製，網路王國只好不斷推陳出新，走出自己的路，及明確的定位取向。例如在旅遊網站，就不走低價促銷、而是採精緻的主題旅遊，如歌劇之旅、充電之旅，以與別人區隔。

網路王國最自豪的就是網友高忠誠度與不斷創新的能力，一直抱著戒慎恐懼的態度經營公司，不敢盲目燒錢，由於提供免費的服務，網路王國的生財之道就是替別人建置網站，客戶已累積超過200家，如資策會、裕隆汽車、國賓戲院、學者機構、遠東集團、國泰航空等。歡樂網路王國將以完整的王國為目標，提供國民全方位的優質網路生活。

營收概況

公司目前除了網站經營外，主要的營收來源包括網站建置收入、廣告收入以及電子商務（網路旅行社）等三種，網站建置收入為承包企業網站的建置專案，網路王國的生財之道就是替別人建置網站，該公司自1996年累積至今，企業客戶加上專案客戶已超過200個，如資策會、裕隆汽車、國賓戲院、學者機構、遠東集團、國泰航空等，而有不少企業在網站上線後，仍舊交由KingNet代管，為KingNet創造另一項不錯的收入來源；另外在廣告的招攬部份，也佔了該公司營收的一大部份，如去年一開始推動廣告業務時，便創下當月廣告收入達一百萬的成績，確實證明其網站具有相當規模的人氣聚集。該公司在今後的業務規劃上，網站經營與企業網站建置仍將同步發展，在1999年底前，包括網路廣告、電子商務及專案執行的月營收，超過新台幣400萬元，該公司預估2000年將會有不錯的成績。

前景展望

「不以商業考量，只想做最棒的內容網站」甘明又在99年歲末，發出宏願，希望在2000年完成幾個大目標。第一，做好目前Kingnet歡樂王國所屬的五大內容網站，如皇家法院、旅遊台、電影台等，讓網友們有好地方可以駐足，享受豐富的資訊。第二，發展出Kingnet獨特的電子商務模式，掌握商機。第三，在行有餘力下，該公司願意提供技術與時間為弱勢團體設計網站等義務性協助，讓這些沒錢的社團，也有機會在網海中出聲亮相，進一步參與社會公益。

另外在海外市場部份，計畫將進入大陸的市場，目前其「網路國家醫院」已有簡體版，並在未經宣傳的情況下，募集了一到兩萬的大陸會員，此外，KingNet的其他網站內容較無地域性的限制，也將逐步增設簡體網頁，以加速切入大陸市場。

掛牌規畫

以台幣五百萬開始的歡樂王國，已經在1999年年中與年底前，分別進行兩波的增資動作，開放法人資金進入，加入的法人股東有中加創投、普迅創投、中時報系等法人股東，並一舉將資本額擴充到1億元的規模，在引進法人資金後，期望透過法人再行銷、財務與國際化方面的輔助，加速經營體質的健全。另外在掛牌方面的規畫，目前計畫於2000年在國外上市，達成國際化的目標；而該公司的經營

團隊，仍將專注於本業的經營，目前在未上市市場中並無任何股票的交易。

觀察重點

1. 資料庫的價值性

目前歡樂王國在影片的資料庫部份，累積超過兩千片，這也是該網站認定最具特色的部份，但一個資料庫的價值建立在質與量的部份，除了在量的部份持續增加之外，在質的部份確是吸引人的最大因素，而歡樂王國目前的影片資料庫中，有不少的部份是集錦、花絮，另外則是完整的影片，這些集錦與花絮的介紹性影片價值可能會低於完整的影片，因此可能會減低整個資料庫的價值；另外如何有效為這些資料庫作加值以及運用，確是另外一項挑戰與機會。

2. 頻寬的問題

在網路上經營線上電影院，確實是一項相當吸引人的點子，但首先會碰到的問題就是頻寬不足，不論是上行或下行，以國內目前的頻寬來看，在傳輸品質上可能無法盡如人意，進而影響網友的觀看品質。另外在傳輸費用方面，則是另一項問題，目前的傳輸費用仍不便宜，若將這三項因素匯總，（速度、品質、費用），則在網路上觀看一部電影所要花費的成本，可能會與在電影院看院線片相差無幾了。此外國內的二輪電影市場與錄影帶出租市場均相當的大，因此在價格與時效上如何與這些業者競爭，則是另一項必須考量的因素。

3. 片源與版權的問題

從之前美國的AOL購併時代華納，到最近的宏網數位入股嘉禾影視，再一次的說明網路與多媒體的結合勢在必行，影視多媒體必須透過網路的無遠弗屆，而直接到達觀賞者的家裡，這種結合的模式，一個擁有網路通路與人潮，另一個擁有豐富的多媒體影片與內容，確實能夠達到雙贏的效果。但是對於其他沒有片商或發行商背景或支持的影片多媒體的網站而言，在於片源與版權部份確是個致命傷，由於缺乏長期而穩定的片源，有可能發生無片可用的窘境；另外在版權部份，假若透過放映商的支援，將影片在網路上播放，不只這樣的情形是否會侵犯到版權問題，放映商是否有權將影片，另外授權在不同媒體上播放，都是值得注意與謹慎的地方。

4. 資源的整合

網站的多元化確實是社群網站的重要的發展方向，而且也是目前大部份的社群網站努力建構的地方，目的就是提供網友一次購足的服務，讓網友能夠一直留在網站中，甚至於消費，因此將網站的資源作最佳整合，使其發揮綜效，則是各網站所要面臨的挑戰。以歡樂網路王國為例，雖然旗下有五大主題，十二個子網站，但是如何作最佳的資源整合以及會員共享，使會員或網友留下來，則是必須思考的問題。

基本資料

網站名稱：X類股 www.webmoney.com.tw

公司名稱：傑特資訊

成立時間：1997年成立。

主要經營：總經理 吳文華 淡江電子計算機系
執行副總經理 陳勇君 淡江電子計算機系 中山大學資管所

資本額度：以一千萬起家，目前為五千萬

法人股東：目前沒有大股東，技術與經營者持股份五成，其餘為業界合作伙伴，如投資業、產業界人士。

員工人數：22 人

目　　標：全方位的未上市媒體資訊中心

競爭優勢：與開發盤商報價系統的軟體業者有簽約合作關係。

經營理念：1.資訊的即時性、正確性、及合法性。
2.中立的立場。
3.以媒體資訊中心的角度為導向及依歸。

認股政策：無償部分：根據員工表現，但有鎖碼限制。有償部分與上次現增計畫相同，以16元參加現增。

上市計畫：2000年六月會再辦一次現增，希望兩年內掛牌，不排除於國外掛牌。

人氣指標：

流　　量：每天兩萬人次

會 員 數：一萬三千名（2000年四月未大幅宣傳前的成績），

回流比率：每天重複上站者有五成，一星期重複上站者有7成，兩星期重複上站者九成以上。

網站速寫

以提供未上市股案資訊為主的X類股飛梭網，在網站上主要提供服務內容包括八大項，分別為：

一、自選股部份，包含未上市股即時行情、歷史行情。

二、排行榜部份，包含個股掛單量排行榜、股價排行榜、買賣超排行榜、漲跌幅排行榜等。

三、投資分析部份，包含不定時提供最新研究報告。

四、討論區部份，有一般、產業及個股討論區。

五、委託追蹤部份，提供可利用網路、傳真、語音等方式通知會員，

六、資產試算部份，協助有效管理資產。

七、新聞稿部份，包括當日稿、歷史新聞、公司新聞。

八、電子報部份，每日新聞、排行榜、看盤重點、盤勢分析。

除此之外最近將陸續推出公司版專區與法人版專區，公司版專區，包含競爭商情、類股趨勢、公司公關、人事稿，而法人版專區，則有未上市公司資料、股價EIS/DSS系統、進階研究報告、國內外投資資訊彙整等。

另外傑特資訊目前計畫建置具規模的「產業研究中心」，是公司的未來的重點方向。

「產業研究中心」是傑特科技未來在未上市投資理財社群經營三階段

(WebMoney, OnLine168, TWVC（Taiwan V.C.）)中的重要基礎，該中心將會定期/不定期舉辦各種產業投資研討會，公司參訪、會員聚會研討會，當然也會透過各種媒體方式，將經過整理分析與歸納的資訊知識，客觀的提供給未上市社群的相關族群--未上市投資人（自然人/ 法人），未上市公司，作為投資未上市股時的參考依據。

飛梭網更在今年五月份推出未上股市大盤股價參考指數，飛梭網指出，該指數經由各家投顧業者精選出一百個具各產業代表性的股票，所編製而成，提供投資人另一項更具代表性的未上市股觀測指標，使一般投資人更可以瞭解到未上市股的交易狀況與以及整個市場的走勢，作為投資參考的依據。

網站型態

傑特科技前身是從事軟體開發之專業科技公司，過去以承接政府機關應用軟體及系統整合工程為主，例如行政院環境保護署總務管理資訊系統、法務部戶役政資訊連接查詢作業系統等，經過合作未上市未上櫃股票資訊專案後，公司策略便轉向以未上市媒體資訊中心之定位為期許目標，1999年10月開設X類股網站，正式投身為網際網路公司，冀望能以更公開、更正確的資訊提供，為未上市未上櫃股票交易安全提供更多一層的保障。

傑特資訊將自己許為專業的未上市媒體資訊中心的理財網站，提供未上市股票的市場面、消息面、產業面以及基本面資訊，另外也提供未上市股交易報價資訊與新聞給投資大衆，期望提供投資人一次購足全方位服務。

未來該公司在產品與服務方面，將提供未上市投資專業資訊系統（軟體）及網站服務(ICP)，分為個人版、法人版與公司版，收費的方式，分為會員制與否，包括免費與收費兩種方式，相關的產品使用客戶包括一般投資人、未上市公司及法人（包含創投公司、券商及投顧公司等），目前依據該公司表示其市場佔有率大約為30%，若以這樣的市佔率來看，應該會有不錯的表現。

在合作伙伴方面，飛梭網期望以加大市場曝光率為初期目標，加深投資人的印象，目前為止，相關的合作網站包括2300、GoGoFund、HAA、IPRNews、ShowMoney、SFI（安際資訊/證基會）、網宇理財，合作的券商網站包括元大、寶來、公誠、元富、和通及宏福證券等。

訪談紀要

傑特資訊原為系統整合業者，過去在多次選舉開票過程中均扮演幕後功臣，接不少政府選舉專案。去年十月，與另一軟體商接上線後，十月開始經營專門提供未上市資訊的X類股，轉型為網際網路公司。

目前台灣未上市市場是一片灰色地帶，雖有合法盤商約324家，但仍受法令限制，不得公開交易，交易資訊處於不透明的狀況。但自從有軟體商為全省324盤

商開發一套報價系統，將每天所有最新交易情況作一個整合的工作之後，所有的盤商皆可以此為依據，掌握市場行情。

而傑特取得合法資訊授權，希望能在網路上公開未上市的相關資訊，幫助投資人享有第一手的訊息，並以建置具規模的「產業研究中心」為公司的重點方向。目前由於人員尚未完全到齊，X類股仍是低調進行，以原有的系統整合業務的收入維持營運，每月約有固定的六十萬收入。目標放在2000年五月後，開始積極拓展業務，正式推出「WEB MONEY」發表會。

目前策略聯盟伙伴已涵蓋大多數券商網站，及台灣新浪網、台灣微軟、英普達、鉅亨網等入口網站。也將陸續開發0204傳真回復系統，PDA，WAP等業務，並打算經營虛擬社群（討論區）來增加網友的黏性。

傑特以「知識管理」為立論基礎，並對「全球投資時代」抱樂觀的態度，傑特三階段的營運目標如下：

第一階段：未上市股票資訊領導者；未上市專業理財網站經營；

第二階段：水平部分：國際未上市市場策略合作（如考慮與E-Trade談同步轉譯的合作）

垂直部分：整合其他理財領域（如考慮引進有銀行背景的證券法人股東，來增加Private Bank、MMA等全系列理財服務。）；

分類社群：專業版及仲介服務（人潮的維繫）

通路卡位：電子商務的經營（達成E-trade的目標）

第三階段：TwASDAQ 若法令放寬，進入交易、集保、承銷、包銷等業務。

因為清楚未上市投資人的特質：「高素質」、「高收入」、「高消費」、「高求知慾」，大約2000年八月份左右，傑特將計畫宣傳「資訊有價」的觀念，計畫推出個人版（一年500元），法人版（一年1000元），公司版（一年6000元）的On-Line168單元。比目前單純的免費會員，在基本的新聞、報價查詢外，多了更進一步的投顧建議。傑特評估目前台灣約有60萬至100萬的未上市投資人口，只要能爭取其中一小部分願意付費的15萬人口，每月約500元不等的會費，就有可觀的營收。

因此可以大致瞭解傑特的未來營收來源：

1. OnLine168 付費會員收入
2. 0204傳真回覆
3. 網路廣告收入
4. 投顧頻道出租收入
5. 券商、盤商虛擬網站收入
6. 書面雜誌、CD-Title的發行收入
7. 資訊源與加值資訊源的授權收入
8. 仲介服務、家電版、隨機版等等的收入

另一方面，傑特也希望將來以自己經營網站的經驗及技術，考慮扮演單純的架構提供者，提供IT技術，及行銷的Know-how，幫助有獨家內容的人經營網站。因為傑特認為：網路商機(a)骨幹＋(b)肉＋(c)BM (Business Mode)，而傑特有優秀與經驗豐富的IT專家，產業研究中心與未上市投資的專業Know-how，再加上有網路規劃經營常才的行銷隊伍，將可以尋找具潛力的ICP或業者複製經營模式。

營收來源

飛梭網目前在網站上並無像其他競爭網站有線上收費的會員，加入飛梭網的會員目前是免費的。飛梭網現在主要的收入來源包括系統整合與廣告收入兩種，在第一項收入部份，現階段仍以政府機關系統整合部份，包括軟體部份以及網站架設與系統規化為主要營收來源，另外還有網站廣告部份的收入，以飛梭網最近的公佈資料，目前每約的收入約六十萬左右，在今年，飛梭網將陸續推出其他服務，包括OnLine168（投資會員社群）以及housing（房屋租售相關業務），這些服務均為付費服務，預計年中之後隨著這些收費服務的推出，將會有其他的營收來源，對於今年的整體營收將會有極大的助益。

前景展望

在美國NASDAQ、日本JASDAQ,及香港創業版，國內二類股的共襄盛舉下，一般上預估未上市市場將呈現20% ~ 50% 的成長，因此可推估，國內的未上市投資人人口將會有相當驚人的增加幅度，而這些結果，我們也可以從國內各報章雜誌都爭相報導未上市股的熱絡，可以略見端倪。

同時，國內未上市的投資標的，也會因為國內二類股門檻的降低與實施更加活絡。過去準上市上櫃的焦點個股，每個月平均有 5~10 標的，但二類股實施後，大約又增加到10~15個標的或更多，投資標的的增加，自然吸引更多投資人的注意；相對地，每一家未上市公司在未上市買賣市場中的市場壽命也因為門檻的降低而縮短，因此投資標的在廣度(量)的擴充，以及相對市場壽命時間軸的縮短相乘的效果，未上市的人氣將永保熱絡。

在這樣的市場熱度之下，傑科技的遠景希望以「知識管理」為基礎，透過網際網路 (3C,3W) 的機制與工具媒介，逐步邁向「全球投資時代」。2000 年五月份將有 WebMoney 正式發表會，WebMoney 為一個「利基的社群」，謀求三方(公司會員/消費者)最大利益，另外在八月份的Online168 (線上一路發) 網站，將會有未上市理財網站水平與垂直整合的雛形與籌備，有關垂直整合部分，飛梭網將積極與各大券商密切合作，同時也不排除讓策略性證券法人股東(尤其有銀行背景)入股，裨助於未來上市、上櫃、二類股、未上市等等全系列理財的 MMA 或者 Private Bank 理財服務進行整合。另外在水平整合上，飛梭網目前已經規劃與國外著名創業版股票市場的券商與網站洽談線上交易，與資訊同步相互轉譯的合

作模式，飛梭網走向國際化的腳步從此跨出。

掛牌規畫

飛梭網目前會員數大約是一萬兩千名，每日的網站瀏覽人數大約是兩萬人次，而且會員的回流比率相當高，平均有七成以上。而飛梭網從剛開始的一千萬資本額，隨著業務的成長與新服務的增加，資本額也很快的擴充到目前的五千萬，並且將於最近進行另一波增資活動，資金主要運用於新網站的建立，設備購置以及人員擴增等。

對於未來上市上櫃的規畫方面，該公司表示將於來兩年內達到掛牌的目標，而且不排除到國外掛牌。

觀察重點

1. 資訊源不確定，價格混亂

目前國內的未上市場報價系統廠商之間，各方勢力角逐，因此市場上出現了多種樣本的未上市股價報價系統，目前未上市盤商常用的報價系統有普立揚系統、太陽神系統、高興系統與永勝系統等四種，資訊源相當混亂，未上市股價缺乏價格的一致性，從甲系統看見的價格與乙系統看見的價格常會發生不同，由於這種現象的產生，對於想投資未上市股的投資人而言，常造成投資人對於未上市股交易的恐懼及不安，因為不確定性太大了。

2. 未上市股票交易的合法性

目前國內並未開放未上市股仲介交易，因此目前未上市股票仲介交易是違法的，另外由於一般未上市盤商並未申報有關交易仲介收入，因此又牽涉到逃漏稅的問題，所以未上市股票的交易都屬於私下交易的方式，而一般盤商也大部份只接受熟識的客戶為主。也由於未上市股票交易並未合法化，因此直接的影響到報價系統廠商的荷包，第一個是因為交易隨時會因為檢調單位的行動而中斷，間接使報價停止，系統頓時變得無用武之地，假如時間一直持續，進一步影響系統廠商存在價值，因為沒有報價系統，會減損系統廠商的大部份價值，所以未上市股票交易合法性是一個不定時炸彈，既是系統廠商的衣食父母，卻又會威脅到系統廠商的生機。

版權頁

作者　凌凱雄　許迪揚
採訪編輯　林春江
企畫執行　恆兆文化有限公司
總編輯　鄭如君
發行人　張正
封面設計　謝陳欣
內文編排　王瑄晴
行銷企畫　林春江　何蕙雯
通路規畫　李佳俐　張湘玲
出版發行　媒體工房股份有限公司
發行地址　臺北市114內湖區成功路2段512號10樓之1
服務電話　02-87911899　傳真：02-87920866
劃撥帳號　19351231
戶名　媒體工房股份有限公司
法律顧問　聲威法律事務所
總經銷　黎銘圖書雜誌發行集團
服務電話　02-29818089
定價　新台幣　220元
書號　E0002
出版日期　2000年六月五日初版一刷

國家圖書館出版品預行編目資料

網路不敗：明星網站大閱兵 / 元碁財庫網作.
-- 臺北市：媒體工房, 2000[民89]
面； 公分

ISBN 957-97610-3-5(平裝)
1. 網際網路 - 站臺 2. 電腦資訊業

312.91653 89005629

媒體工房讀者回函

謝謝您購買「網路不敗」

您的寶貴建議可幫助我們繼續出版更好的書籍。請填妥本回函，傳真至(02)87920866，或寄回台北市成功路二段512號10樓之1，即可成為媒體工房書友會的一員。除可免費獲贈書訊外，會員可享八五折購書優惠。

姓名：

性別：□男 □女

電話：(H) ____________________

(O) ____________________

傳真：____________________

E-MAIL：____________________

聯絡地址：____________________

職業：____________________

學歷：□高中□專科□大學□研究所□其他

年齡：□20歲以下□20-25歲□26-30歲□30-40歲□40歲以上

請問您是由何處得知本書 ____________________

□ 書局

□ 報紙

□ 網路

□ 親友推薦

□ 其他

請問您是在何處購得此書

您覺得本書的品質與內容如何

封面：□很好 □好 □尚可 □待加強

內容：□很好 □好 □尚可 □待加強

版面：□很好 □好 □尚可 □待加強

印刷：□很好 □好 □尚可 □待加強

實用：□很好 □好 □尚可 □待加強

請問您對本書的綜合意見：